目录Contents

I N

KOREAN
TERIOR
A N N U A L

商业设施—运动/美容

Bally 健身中心

Bally TotalFitness

Joong-ang Design co., ltd.

健身房 / Total/Ballytotalfiness

设计从语言开始。它本身就是概念，具有无形化为有形的力量。研究恰当、研究完全恰当、研究非常完整恰当的过程中感觉最困难的是必要充分条件。更有幸的是作为韩国第一项Bally俱乐部工程，进行施工过程中不断积累形成的概念 就是无形变为有形的一个过程期间将无形的制作成有形的工程。

西显——1号店

为构成新型空间面对原有的建筑物，它的属性有时起妨碍作用。相反原建筑物所含的内涵非常有魅力，从而反映到设计中。11楼和12楼2层楼结构的西显店，我们将游泳场原有的凹陷部分位置重新设计成台阶形式配置了Cardiovasculararea。原游泳场顶棚采用天窗使自然地光线射入室内。约1100m^2规模的11楼设接待处、操练室、销售柜台、儿童看护中心、中医诊疗室等附加设施；12楼设有Cardiovascular、旋转影院、洗浴室，高尔夫练球场,冷饮吧等。

红色、灰色、黑色为主色调，露天式的天窗结构和透明玻璃，不锈钢材料做成表面材料，增加了活跃的气氛。

平村——2号店

平村店位于一眼望到整个平村地面的Newkoa百货商店12楼。与西显店不同的是，平村店内有比原水平面高出1.5m游泳池，且把与其他空间的有机连接用设计语言解释。与游泳池连接的每个空间将冷饮厅在0.75m高的水平上配置，用透明玻璃隔断处理使空间既有开放感又保持其独立性。开放的天窗下如同坠掉的冷饮厅的天窗通过透明玻璃隔断连接到游泳池。虽然相互不同，但是玻璃、平面差距、贯通、垂吊等设计语言，由相互之间进行空间交感。其他空间设计的构思与西显店的构思一样，保安系统、冲洗室、粉刷厅等细节部分采用不同主题设计。在3号和4号店正在计划“非常完美恰当”的另一种模式。

有人曾说过装修设计是由使用空间的人来完成的，由此可见Bally健身中心也是因注重健康的人来完成的。

本栏图片提供：（株）中央设计

位　　置：西显店－京畿道城南市分当区西显1洞266－1
　　　　　平村店－京畿道安阳市同安区范界洞1040－1
区域·地区：中心商业地域·城市地区
主要用途：近林生活设施
设计面积：西显店3421m²，平村店：2944m²
表面材料：天棚－油漆
　　　　　墙－透明玻璃
　　　　　地面－瓷砖型地毯

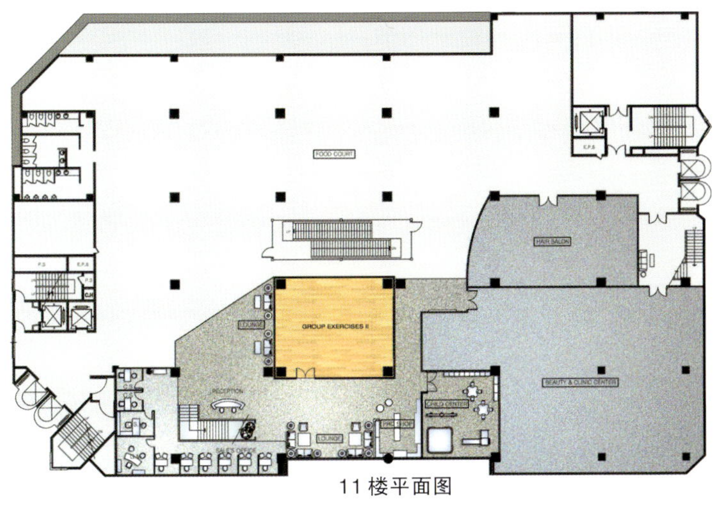

11 楼平面图

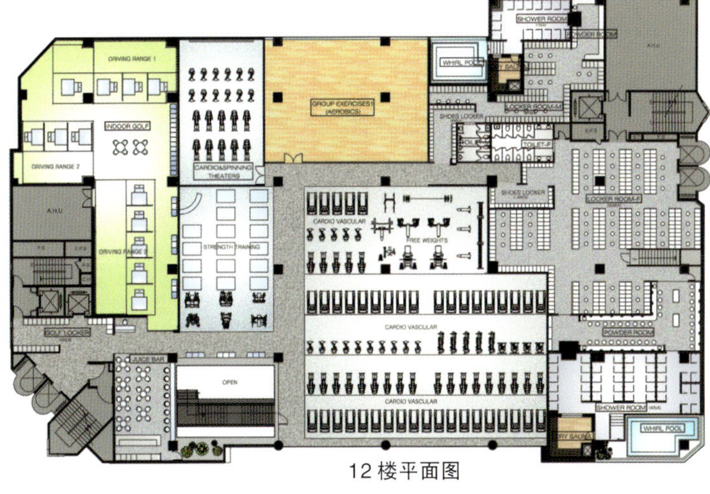

12 楼平面图

安阳 Benest 高尔夫俱乐部

Anyang Benest Golf Club

Park Seung+Kil Youn-joon

Samoo Architects & Engineers

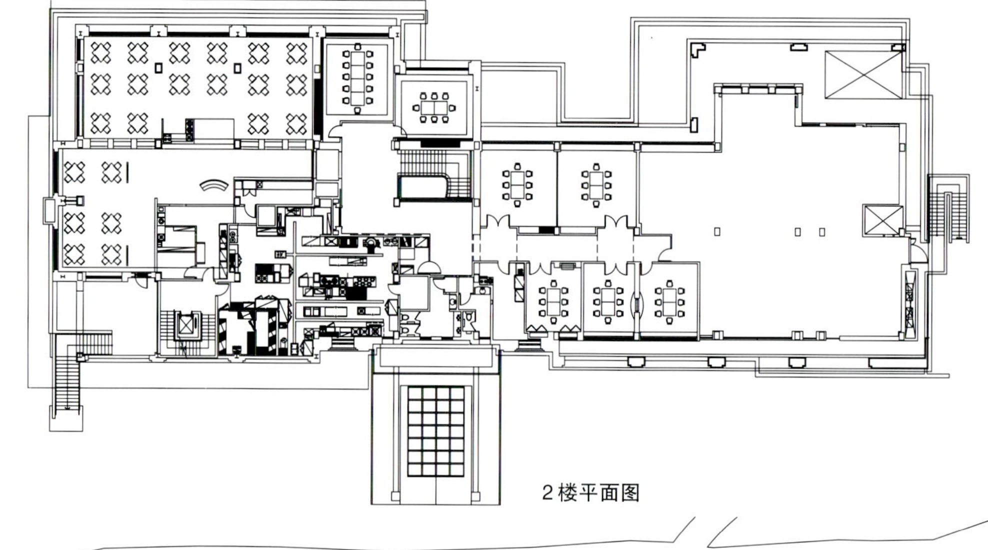

2楼平面图

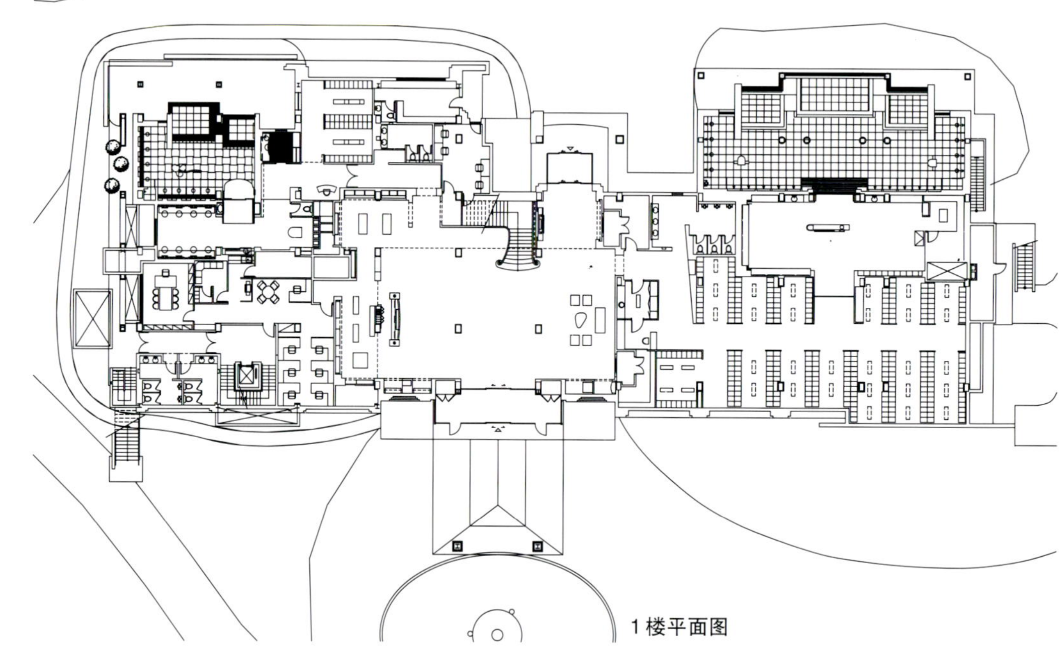

1楼平面图

位　　置：京畿道君浦市富谷洞1号

用　　途：俱乐部场所

面　　积：2，550m²

表面材料：地面－地毯，

墙壁－水性油漆，瓷砖，纹木，壁纸

天棚－水性油漆

设计时间：2000.12～2001.10

施工时间：2001.11～2002.3

这是一项保护旧建筑设施而开始的维修工程。与近期新开业的其他俱乐部相比有纯朴和单纯的感觉，除了保留历经长时间的构造外，又要注重顾客的方便是一件不容易设计。

花费时间长的维修是从男桑拿浴开始，并且对女桑拿浴，宴会厅，餐厅，大厅，办公室等建筑物内部与外部的全面整修。

整体改善了低棚和郁闷的氛围，考虑到顾客和职员之间的隐私空间设置独立的空间结构。外观将地中海建筑的单纯和古典形态以现代的形式来体现。

反复使用拱形抛物线实现空间连续性，表面材料采用体现地中海风格的织物体现高贵感。

为了展现不单纯是俱乐部以外的艺术画廊风格在设计阶段考虑了美术品的展示，同时为了接近自然将庭院空间设在内部与外部连接的中间领域按大小不一，使轻松自然的环境在俱乐部任何一角都能接触到。

原狭小灰暗的桑拿浴室区分为涂自然漆的房间和粉刷间、浴室，随着空间流线划分界线成为既独立又连贯的空间。

涂自然漆的房间由走廊为中心安排各室，粉刷间个别设置镜子尊重个人隐私。

为解除原浴室的郁闷，特采用垂直设计方法，还能够欣赏到浴室外部花园全景，开扩视野将自然光线引入到室内。从外部看到的古典形象连接到内部，家具细节部分到照明安装都反映到设计中形成协调性。

男性与女性各自使用的空间以直线形或曲线形的特征来设计，色彩与表面有所不同给使用者提供最方便的另一种色彩体验。地板在强调空间的部位采用各种图案，为克服低棚结构采用垂直形空间设计和间接照明实现空间的立体感和上升感。以上是将古典建筑要点用现代方式进行再解释，将实用性和时尚感体现在设计中，给访问俱乐部的成员提供特殊的休息和闲暇空间。

本栏图片提供：Samoo设计 摄影：闫承勋

加利福尼亚健身中心

California Fitness Center

Eugene Tan + Fay Cho + Nam Yong-sik

Dawon Design Co., Ltd.

位　　置：汉城市江南区青端洞 85 号

设计范围：1 ~ 5 楼内部，外观整体

用　　途：运动设施

面　　积：4 915.10m²

表面材料：地面 – 地毯，百叶窗垫、条纹形金属板、陶瓷砖

墙壁 – 不锈钢、反光镜、玻璃

天棚 – 露天天棚

设计时间：2001.5 ~ 2001.8

施工时间：2001.8 ~ 2001.11

两年前在明洞首家推出以20~30岁年龄层为主客的“California Fitness Center”2号店。一般健康俱乐部主要附属于酒店Hi-end型的少数顾客或大部分是各地区小规模俱乐部，它面向两者之间的中间层以更庞大、更活跃、更职业化的专业俱乐部为目标而进行设计。

设计主题是由香港California Fitness Center总公司设计师Eugene Tan负责，主要提示每层楼的基本设计风格与基本要点。进行协助此设计的韩国合作伙伴Dawon Design分管了发展设计和结构施工。俱乐部整体设计可以用Wow一句感叹语来概括。引发绚丽的灯光色彩和激发动感欲望的音乐声中，与朋友大声欢笑着轻松进行运动的地方，这就是California Fitness Center的形象。1楼设计地面和墙壁天棚，形成一体感觉到俱乐部激烈活动，还有墙面反复出现的图案和从各个角落闪烁的光线暗示着进入某种特殊空间的感觉。2楼3楼以钢材和玻璃为主要材料，以空间开放性和与照明的上升为主要素材。特别是健美操室采用了与音乐连动的照明系统起到整体空间注入活力的作用。

此处设置的照明设施全都是定做的产品，统一整体空间设计中起重要作用。4楼5楼主要设更衣室和Jacuzzis、桑拿浴等空间，剩余部分用于健康空间。特别是5楼另设女性专用空间得到了顾客们的好评。整体表面材料采用粗糙的瓷砖和漆玻璃与高贵的织物，柔感窗帘材质产生鲜明的对比。

外观部分去除原黄色铝壁板设置新玻璃窗，之后在各楼层设置照明，特别是夜间吸引过往行人视线。施工结束之后，焕然一新的正面以及和窗边设置的跑步机上跑步的年轻人活跃的面貌给来往于此处的行人带来新鲜感。

本栏图片提供：Dawon设计

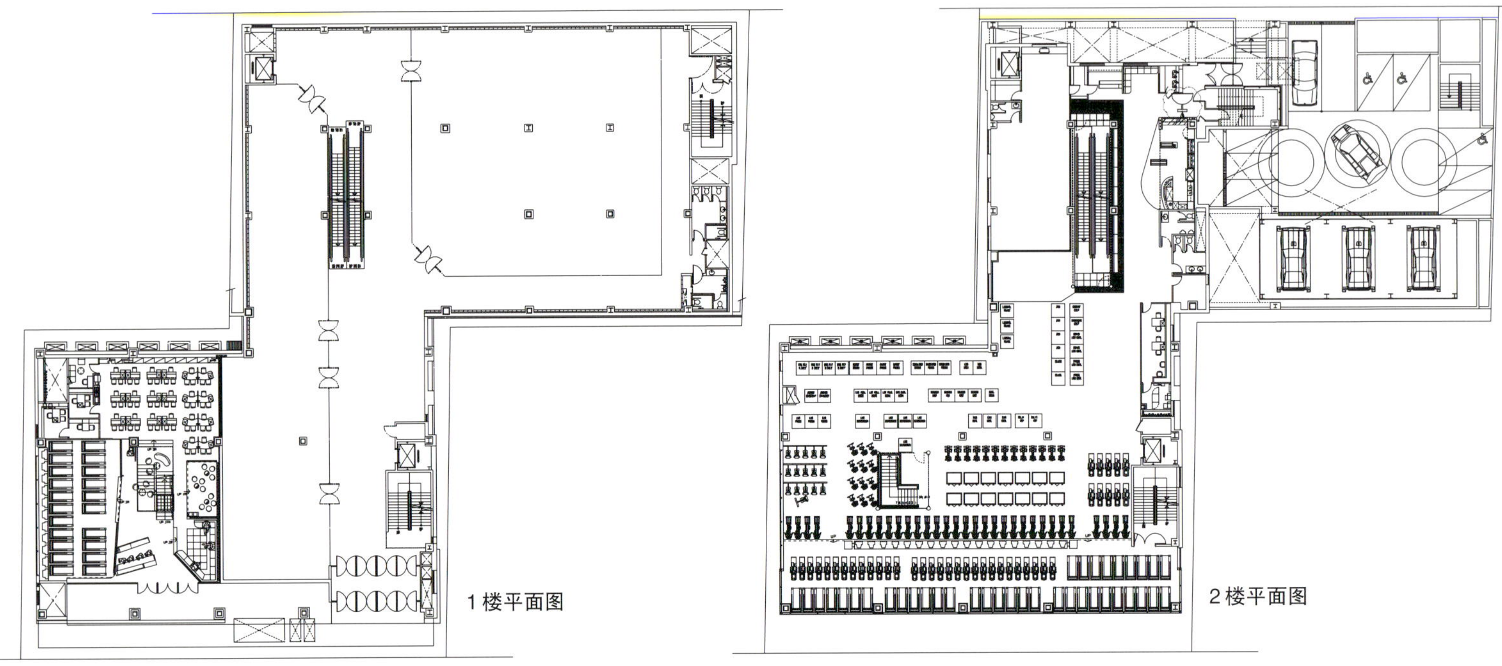
1楼平面图

2楼平面图

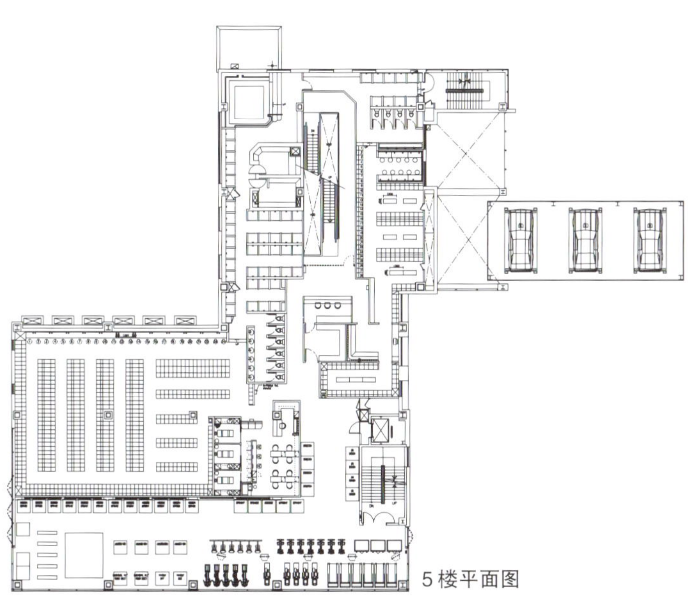

5楼平面图

SPAREX

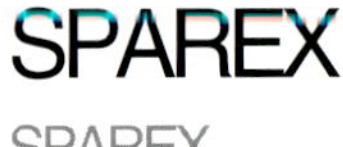

SPAREX

Park Sang-won
Sparex co., ltd.

位　　置：京畿道水原市八达区永通洞960-3
区域·地区：中心商业地区
面　　积：1500m²（包括中间楼层）
构　　造：SRC 构造
表面材料：地面－石材，大理石
墙壁－石材，水性油漆
天棚－SMC，水性油漆
设计时间：2002.9 ~ 2003.2
施工时间：2003.3 ~ 2003.7

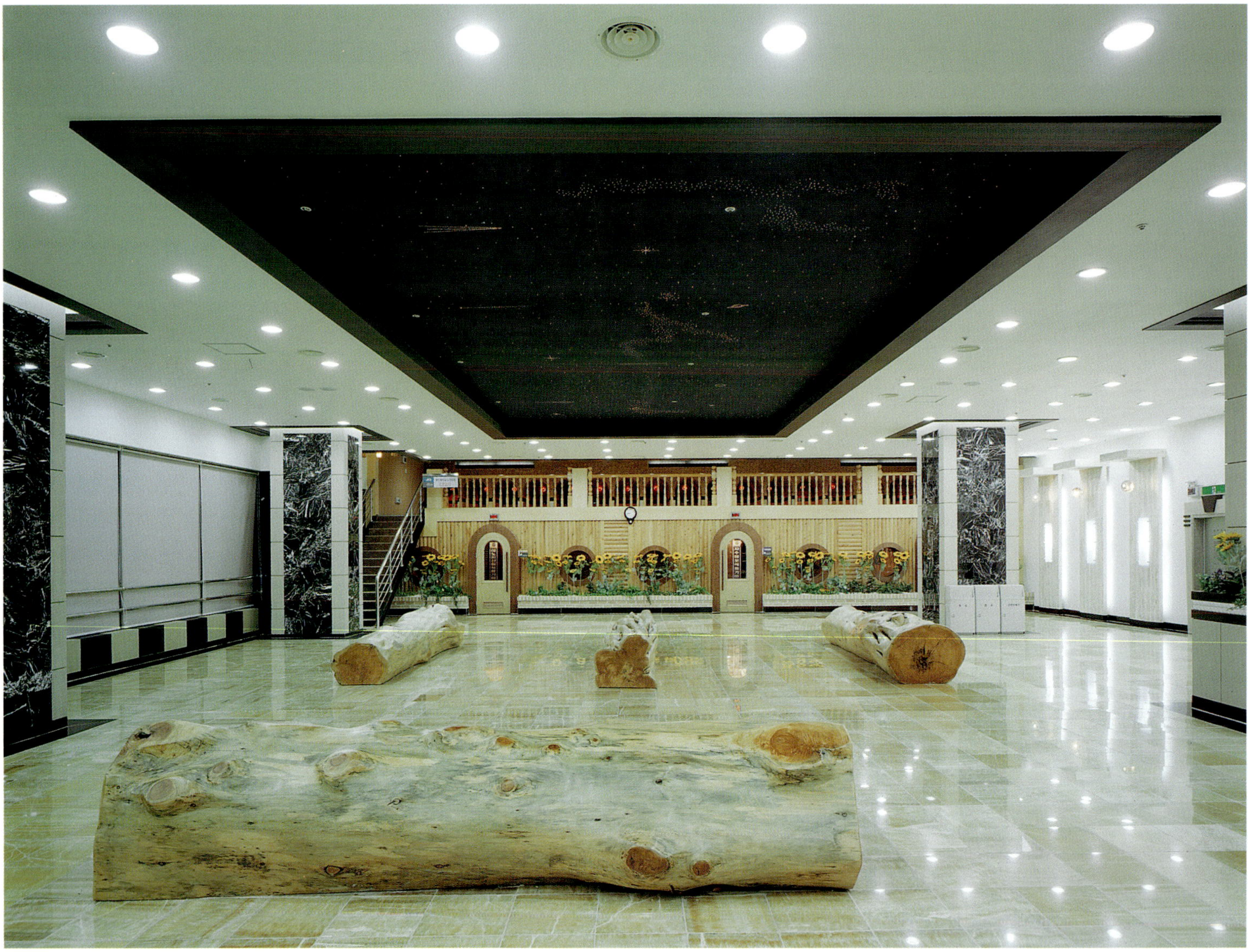

SPAREX

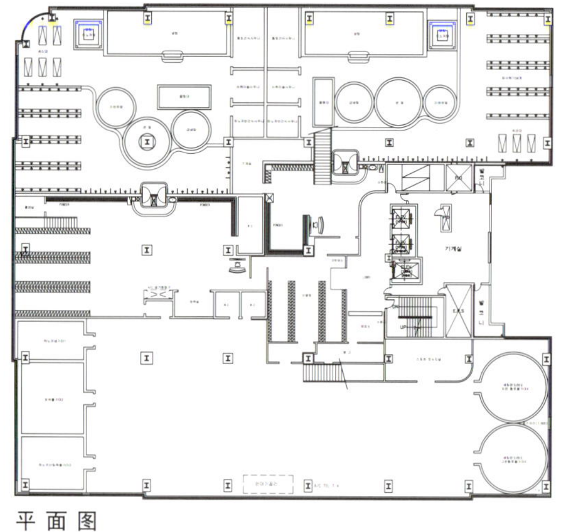
平 面 图

The Loft

The Loft

Hong Eun-yung
Design sdi.

在这里冷漠、美丽、活跃、快乐、华丽和黑暗、复杂、自由等各种形象感觉同时存在，摩天楼和贫民区协调性共存。钢筋与发光的玻璃，钢的冷漠使其他大厦如同箱子一样看不到可爱的蓝天，所有文化艺术在这里喘息，这里就是纽约。

策划“The Loft”的灵感来自于纽约。他们从事运转世界的专门职业，在繁忙的时间却在公园里享受浪漫的午餐，穿着休闲靴，报着高档材质、无任何装饰的实用性黑色成套西装在地铁和街道尽情欣赏表演，周末身穿紧身运动服为保持身材在跑步机上进行锻炼，夜间穿着独特的服装，欣赏歌剧和话剧……。

他们是第五代AV……，他们纹身，穿着个性化服装，享受东洋文化和学习古典音乐，自由最时尚豪华西餐厅或酒吧、俱乐部，不介意他人的想法，注重实用性，拥有创意性思考自由生活这里就是他们生活的地方。

“The Loft”是自然的界线，舒服的氛围，实用性表面材料体现了小型纽约。

本栏图片提供：（株）Design sdi

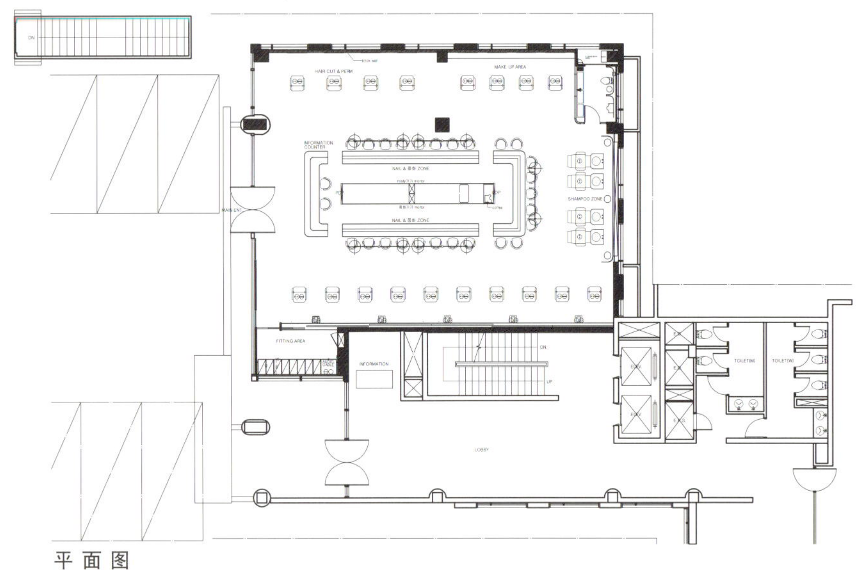

平 面 图

如Dinou西餐厅和酒吧自由享受咖啡和电影、杂志。砖和古典铁门显示的温和的颜色加上因灯光反射的图景显得华丽。

位　　置：汉城市江南区青端2洞 85-3
用　　途：商业/美容
面　　积：168.3m²
表面材料：地 面
　　　　　墙壁－砖，玻璃
　　　　　天棚－白色漆，水泥
施工时间：2002.1～2002.7

DoobeDo

DoobeDo

Hong Eun-young
Design sdi.

本栏图片提供：（株）Design sdi

COLOR BAR
SHAMPOO
CLINIC ROOM
COUNTER
BAR
NAIL
WAITING AREA
ELEV.
FOYER
LOCKER
FITTING

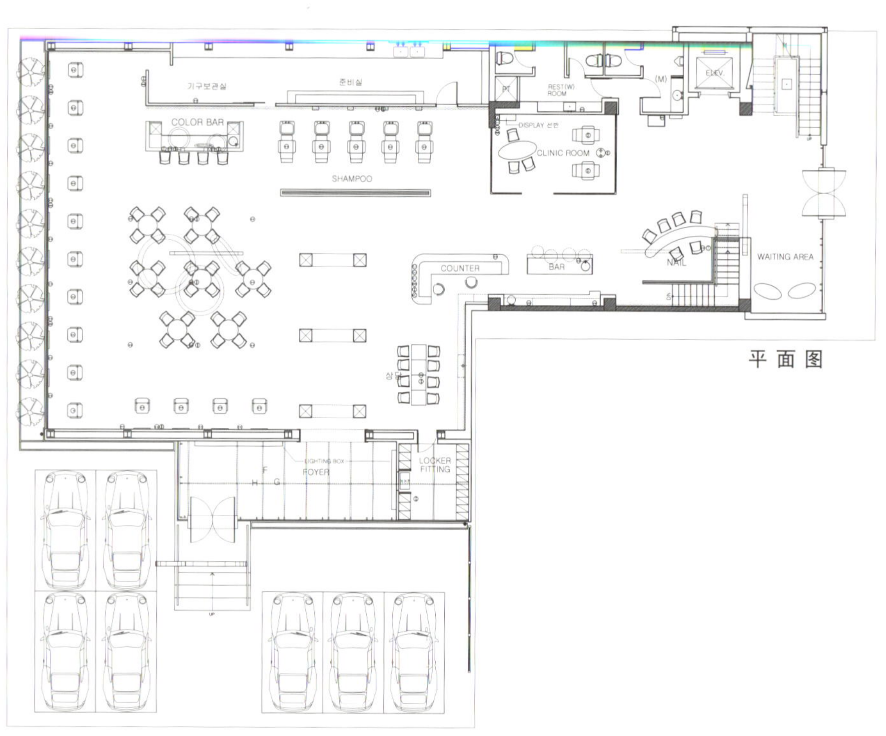

平 面 图

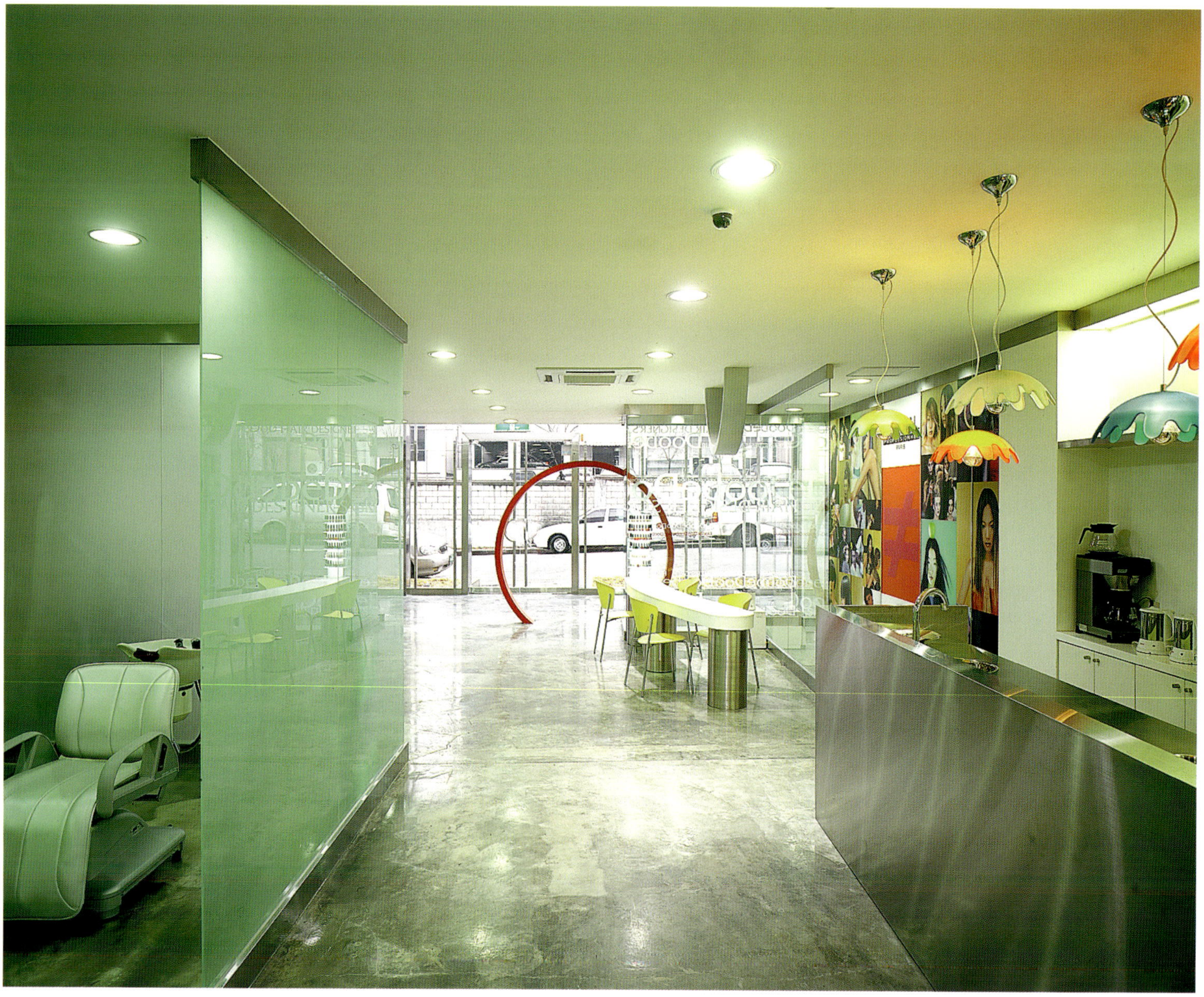

位　　置：京畿道水源市八达区临桂洞1034-6

用　　途：商业/美容

468.6m²

面　　积：地面－水泥

表面材料：墙壁·天棚：自然涂装

Aqua 发型中心

Aquahair

Hong Eun-young

Design sdi.

位　　置：汉城市江南区青端2洞88-20

用　　途：商业 / 美容

面　　积：168.3m^2

表面材料：地面 - 地砖 墙壁 · 天棚 - 涂装

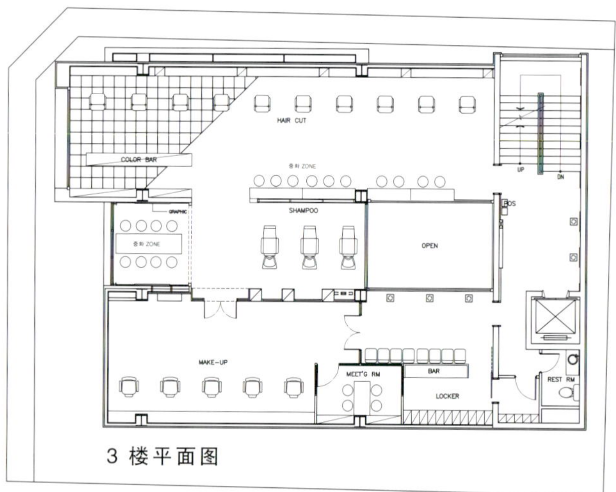

3 楼平面图

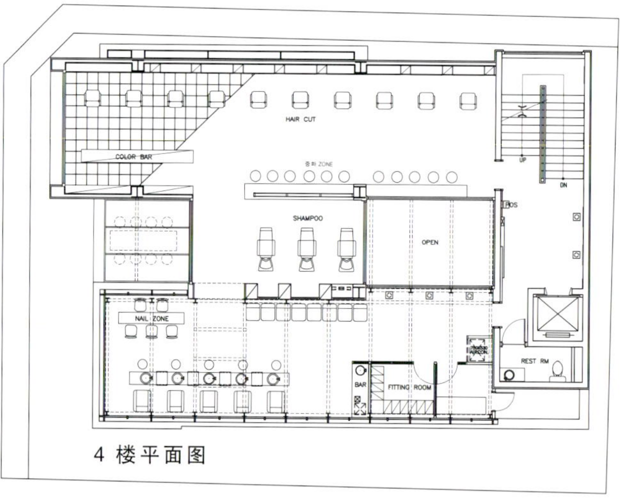

4 楼平面图

本栏图片提供：（株）Design sid

美丽与表现美容院

Beauty & Expression

Lee Dong-won
IDAS inc.

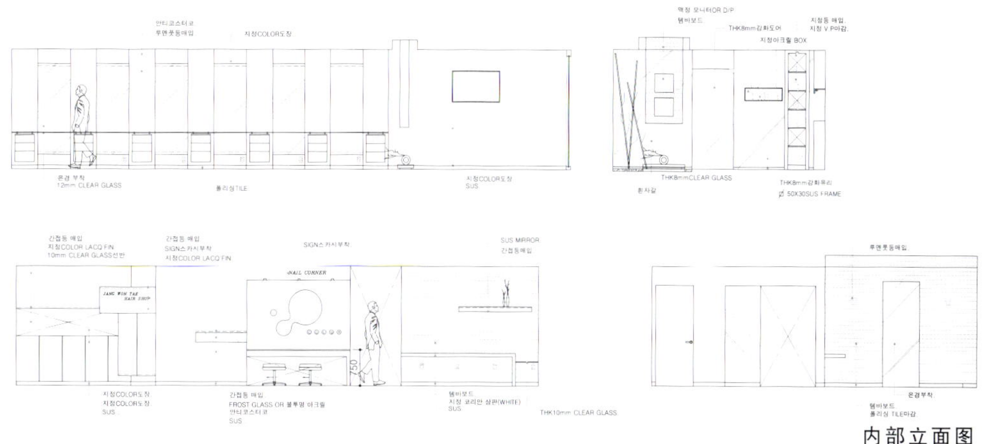

内部立面图

本栏图片提供：（株）IDAS inc.

非常小的空间里需装很多东西。25m²左右空间兼有美容室和指甲修剪中心。提到美容室人们对白色的感觉较多。

作为设计师我本人也明白白色能给予很多的感觉。但是在这里美丽与表现美容院试图脱离白色。重要的是如何把兴趣认知给顾客。镜子只能占1/3空间，因此要慎重考虑与对面墙面的关系。由于出现未预料的反射部分，试着分析各种答案。为了控制金属材料和白色墙面的反射，通过强烈的颜色提高了空间深度。

颜色搭配不协调易引起逆反效果，强烈的本色搭配非常相近，这大胆尝试在此美容院里起到了生命根源的作用。

美容院是创造流行的另一个工作室。创造动态作品，更需用颜色来体现。相互反差大却似乎融合在一起，可称得上空间是创造个性的，集合空间的地方。其本身就是个性。颜色与光的关系非常重要。空间里颜色体现与其本身，但光却能体现气氛。美容院里光线艺术是重要的一部分。光和颜色以及质感加一起形成另一种感觉。

位　　置：汉城市江南区论岘洞
用　　途：商业／美容
面　　积：75m²
表面材料：地面－抛光地砖
墙壁－天然漆，乳胶漆
天棚－乳胶漆，墙壁纸
设计时间：2002.2.20～2002.3.10
施工时间：2002.3.1～2002.4.5

HAIR SALON
WATING AREA
INTERNET ZONE
COUNTER
:COLOR, NAIL, SNACK
LOCKER ROOM
SHAMPOO ROOM
DISPLAY
DISPLAY
TOILET
PREPARATION AREA

内部立面图

Hair
Make-up
Nail
BE
Beauty Expression
5 4 2 0 4 0 7
美容室

L'ORÉAL
PROFESSIONNEL
PARIS
NAIL BAR
샴푸실

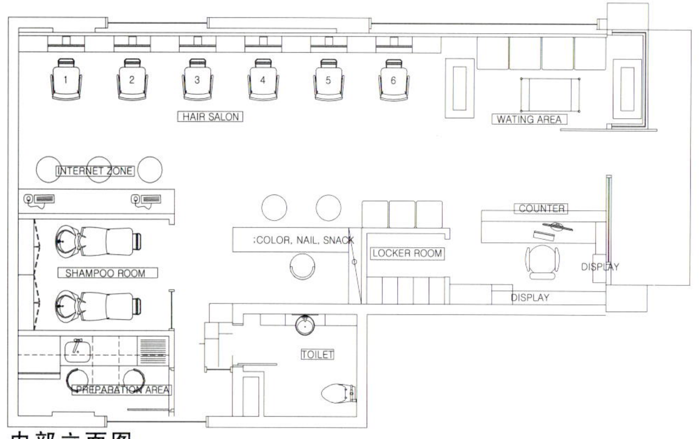

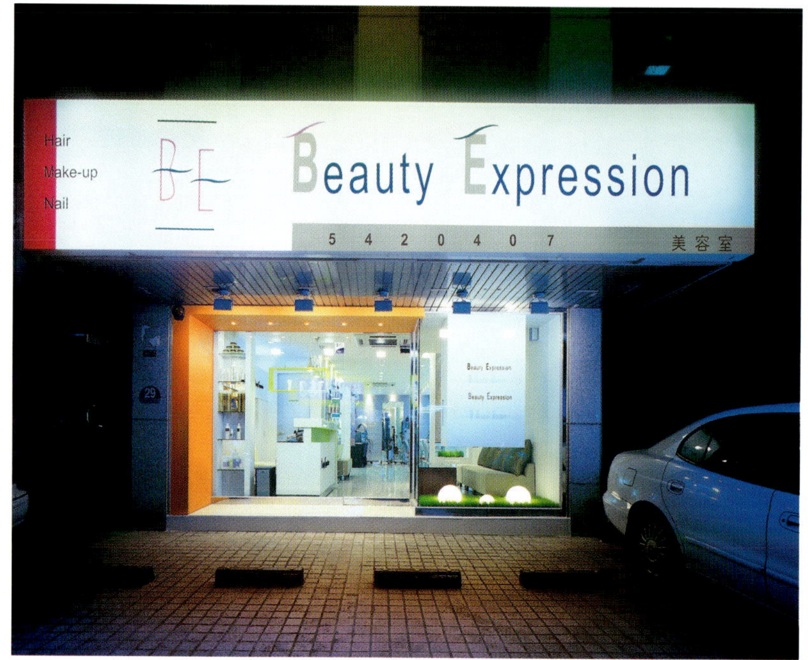

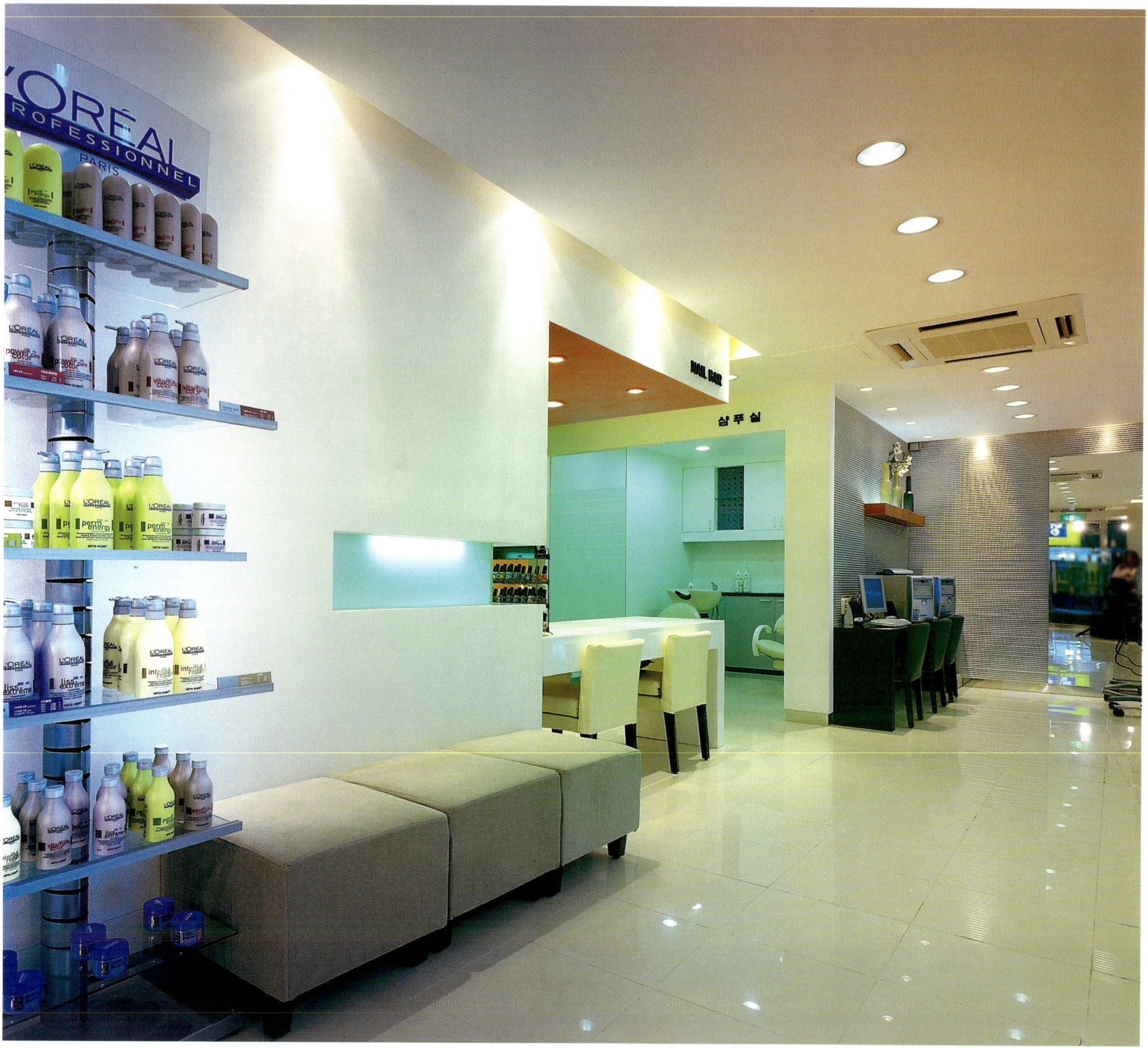

Bune 发型设计中心

Bune

Charles
Choi Architects

为经营美容院的年轻夫妇设计的此建筑物位于狎欧亭东侧。时尚派的年轻夫妇要求独特新颖的设计，起初我们就想设计出强烈形象意义的空间。经过长时间的思考与设计我们决定在各楼层布置丰富多彩的空间，而且把它表露到外部的形态独特的建筑方案。

形成这种空间变化首先是通过中心的解体才有可能进行。此建筑物更接近于租赁建筑物，建筑物内没另设入住者使用空间。此建筑物不存在中心。楼梯、电梯、洗手间分散每个楼层。楼梯摆脱固定的线路窜过建筑物每个角落形成连接，提供丰富的、视觉与空间的变化。其次位于建筑物中心的电梯设置在每个楼层易于利用的位置。从1楼窄幅阶梯扩大了主功能厅的宽度而5楼阶梯计划相反，向整面窗户围过来。

建筑物外观将真实体现建筑物内部有机的空间流线。由曲线连接的建筑物外观与墙，地面和天棚垂直，水平构成空间极限挑战。另外，向凉台布置在建筑物腰部位置3楼形成独特风景，并将底层的四角型区域和高楼层曲线区域进行有效的分离。

最后，曲线处理的最顶层规模虽小但有浪漫情调，无墙只由天棚构成，建筑物顶楼开放性特点是本设计中的最闪亮的一点。

位　　置：汉城市江南区新沙洞589-19
建筑面积：183.13m^2
延 面 积：905.51m^2
表面材料：地面－彩色硬化剂
墙壁－石膏板，涂装乳胶漆
天棚－石膏板，涂装乳胶漆
外部材料：水泥，THK24透明跃层玻璃
THK30铝
设计时间：2001.11～2002.03
施工时间：2002.04～2003.01

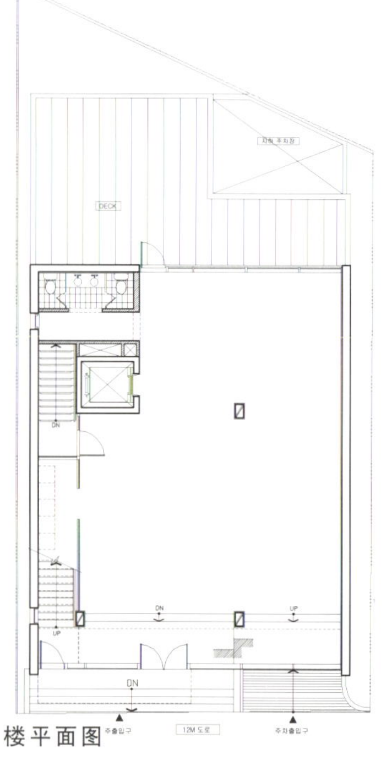
1 楼平面图

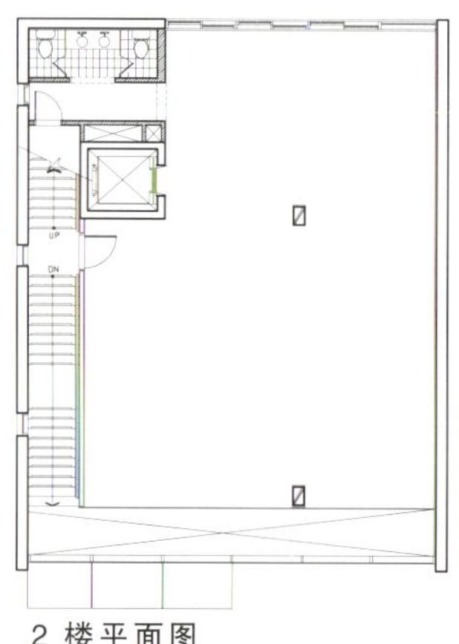
2 楼平面图

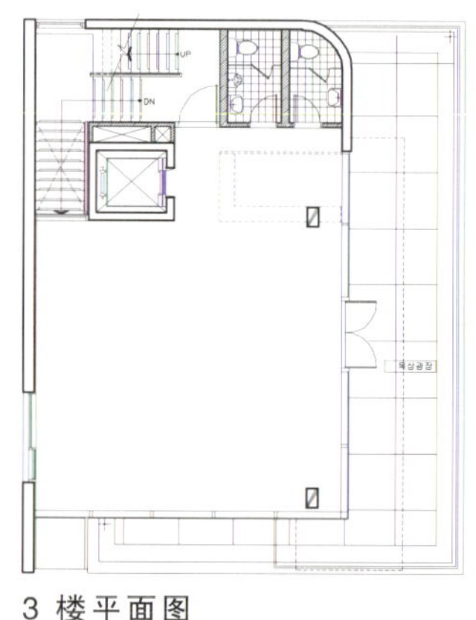
3 楼平面图

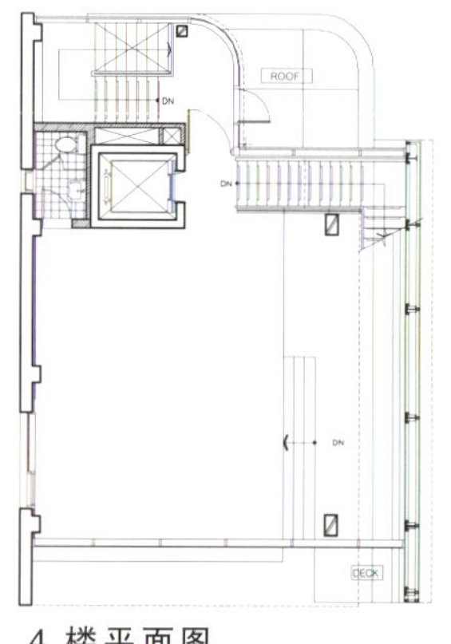
4 楼平面图

BUNE

I N

医疗设施

E.O.S 眼科诊所

E.O.S Eye Clinic

Jang Soon-gak
jay is working

平面图

"E.O.S.眼科诊所"是专门做眼膜手术的医院。设计前有时间对眼膜手术进行了深入研究。当时想到的是变化这一设计概念。相伴一辈子的眼镜通过治疗摘掉对所有人来讲是不寻常的变化。将这种变化通过环境设计来表现是这次项目的主要课题。

对实用性问题作了几次访问，并对不规则立方体空间的日常性和稳定性作了研究。顾客群体界线变化通过虚空本身的拟动性表现出来。因此想到的是主入口－咨询室－等待室－诊疗室等空间分块。不仅能吸引顾客而且预示着未来的变化。与各立方体空间相对比的休闲空间配置在因斜线提高的天棚末端，起到引导检查室的功能并且作为给整个空间拟动性的个别轴。另外，从等待室到检查室的空间道路利用台阶扩大吸引力，由此产生的断层差距使检查室内和等待室的视角变化多样化。检查室2.1m高度空间和2.7m高度空间混合存在。等待室从2.3m到3.3m的多样空间说明了"变化"的含义。

为这种区域的表现墙面装饰尽量排除，但连接研究室和治疗室、咨询室的立方体组合的立面利用视力表从0.1到0.2缩小数字尾部产生的斜线做成不断伸长的窗户暗示着某种变化感。

力图给重新找回视力，可以清楚地看到美丽的世界的顾客计划富有感觉变化的空间。对于我个人经历了有机会将抽象语言利用虚空分块巧妙地解释的体验。

本栏图片提供：jay is working 摄影：郑太虎

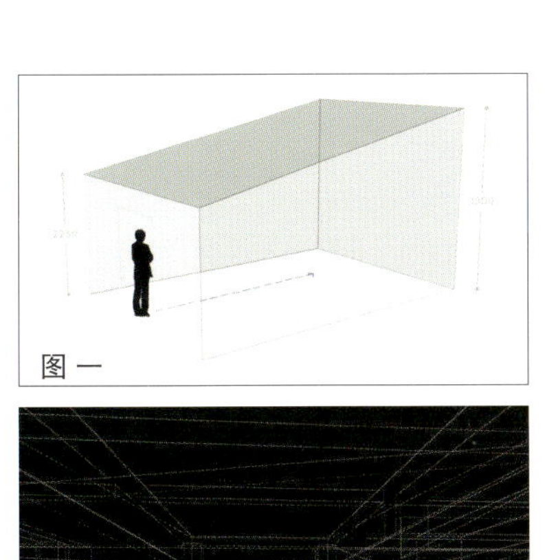

图一

图二

EYE TEST ZONE | 검사 Zone
EOS LENS CENTER | 렌즈실
이오스 안과
EOS EYE CLINIC

位　　置：汉城市江南区驿三洞 826-23
面　　积：230m²
设计时间：2002.10 ~ 2002.11
施工时间：2002.11 ~ 2002.12
表面材料：地面－抛光瓷砖，钢化地面
墙壁－指定色彩油漆，丝壁纸，玻璃，玻璃砖
天棚－指定色彩油漆
施工·设计：Jay is woing

Metro 皮肤科诊所

Metro Dermatology

Kim Jeung-hwan+Lee Jun-hyuck
BEONE C & R+JUN Corporation

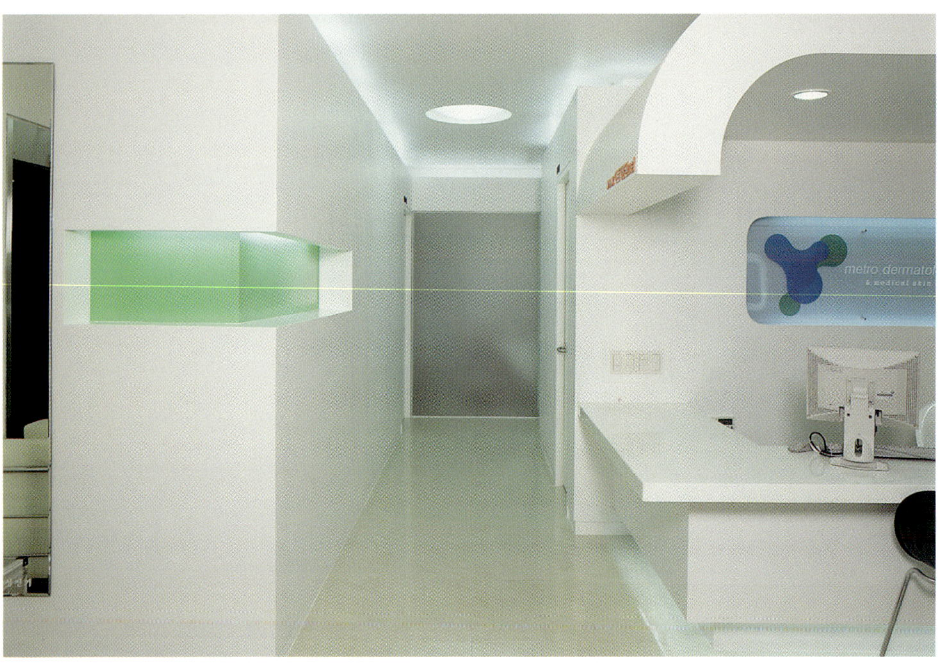

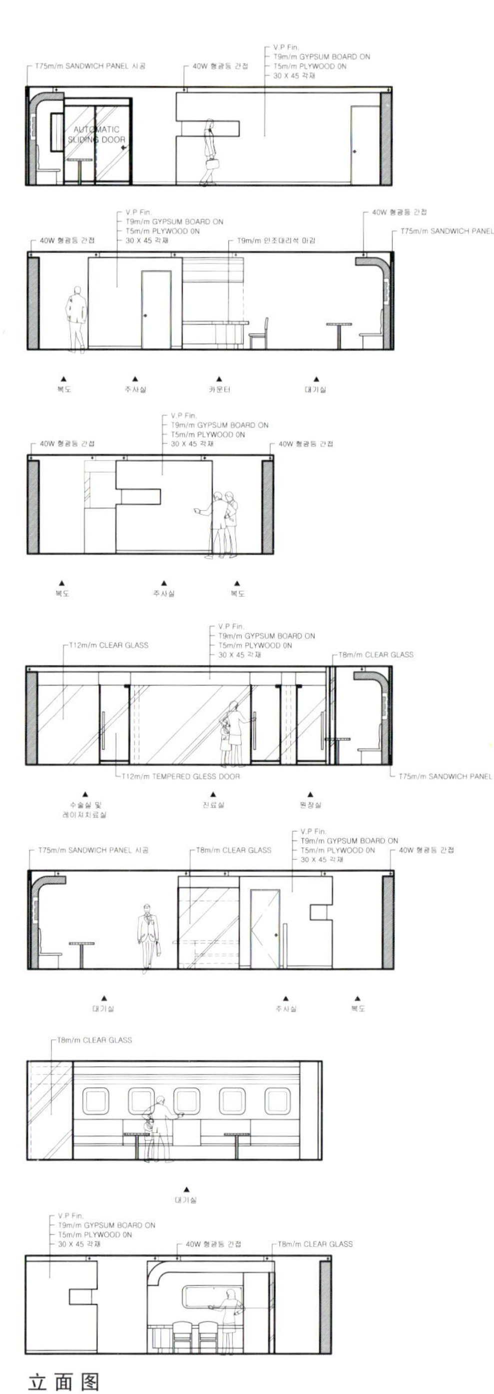

立面图

本栏图片提供：金正焕 摄影：郑永勋

形态跟随功能

受高中同窗现医院院长的委托第一次来到现场，当时建筑物刚刚建起水泥钢架没有任何空间感觉。等待建筑完工期间难t是拥有了长时间的准备。

形态跟随功能（Form follows Function）路易丝一句格言再一次强调所有设计工作注重功能性要比体现审美感更重要，也是整个设计 作的核心部分。等待建筑完工期间除对空间造型进行研究外还从功能利用方面进行了分析。如美容整形外科医院的形象皮肤科也是Aesthetic的意象，通过研究看到的，皮肤科医院摆脱了传统的医院形象体现非常优美。过分强调美的格调而导致的物品收藏空间不足，界线设计不合理、不协调的照明等基本不合理的问题点在医院有关人士及患者们的采访中提到的。一般设计的最终目的是将美和功能一体化相结合。美观和实用方便性的协调既是夸张又是理所当然的事项。特别是在皮肤科医院空间设计中应注意的事项。医院设计及施工期间在美的体现和功能方面不得不考虑不倾向于某一面的维持整体性空间的医院。

两个四角形

医院入住的建筑物平面不属于平坦的形态。皮肤科医院从性质方面严格地划分为一般诊断及治疗、皮肤管理性格进行区分，将空间大致分为岛屿形态的reception desk和注射室。与诊疗室和治疗室，还有独立的皮肤管理室由3个部分构成。“医院应像医院”这与顾客们的意见和重视特殊场所整体性的作家的信条不由地相稳合，使整体空间及色彩计划以单纯化来进行。

从一家综合医院所见，在直线上排列的各室和白色墙部分完善了表面材料及形态的变化。

有时需要有更衣的皮肤科是使用玻璃墙是绝对不允许的，但一部分使用非透明玻璃维持空间水平面的续性和扩张感。患者等待室为中心露出的主要原色和直线及曲线混合使用将对于空间要素的固定造型是一次突破。

位　　置：大丘市水城区万村洞1356-20
用　　途：医疗设施
面　　积：226.54m²
表面材料：地面－抛光砖，钢化地面
墙壁－玻璃
天棚－白色乳胶漆
设计时间：2002.12～2003.01
施工时间：2003.01～2003.02
设计・施工：JUN Corporation

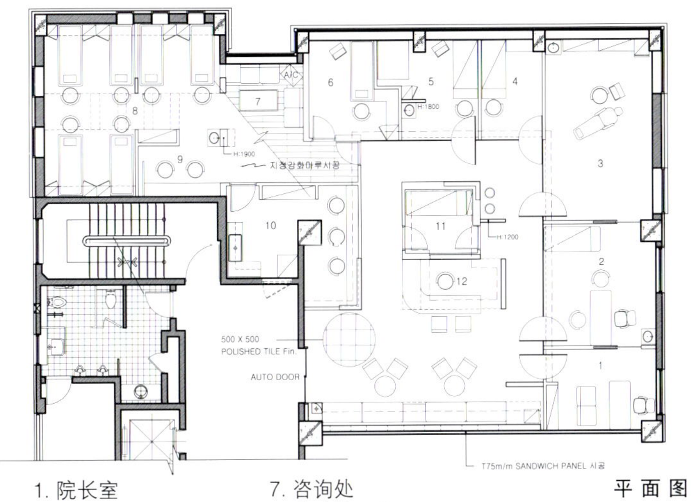

平面图

1. 院长室
2. 诊疗室
3. 手术室、激光治疗室
4. 康复室
5. 理疗室
6. VIP 皮肤管理室
7. 咨询处
8. 皮肤管理室
9. 药房
10. 护士室
11. 注射室
12. 前台

汉城激光治疗诊所

Seoul Laser Clinic

Kim Sung-eun
（株）Samo Architescts

它是接着几年前新沙洞“汉城激光医院”工程后的第二次工程位于江南站十字街。地理环境特点，主要面向年轻患者，因此选用轻亮时尚的装修材料体现轻快的氛围。

医院大体分为皮肤科和皮肤保养科两种，皮肤科又分为诊断室和治疗室及等待室。为体现不同的用途，所体现的设计主题在区域内的各墙相对应，这种对应是先展示几个大的立面体各细节部分按顺序表面的构成方式。进入大厅先是较暗格调的地面和墙面闪亮的灯光抓住顾客视线，它引向内部明亮空间，同时具有区分医院和外部空间区域的象征性意义。

进入大厅服务台下面的暗灯表现逆动性并暗示动态空间。皮肤科的大写字母“S”用在井口天棚和固定椅子的设计主题中让等待治疗的患者感觉舒适、安逸。

铁框架和玻璃包装的表面的诊疗空间，由石材和玻璃包装的是激光治疗室及其他治疗空间。从大厅观察两空间体现不同感觉。护肤室包括患者更衣后接受治疗部分，因此它的环境在颜色和材料的选择方面要比皮肤科温和一些。走廊使用半透明玻璃和暗光照明，墙面设计减少等待的厌烦感。

整体的装修显示高档和动态的适当组合体现区域性特点和使用者的需求。与其说成医院不如说更像咖啡厅般的气氛，希望不仅受到患者欢迎也希望受到工作人员的欢迎。

位　　　置：汉城市瑞草区瑞草洞 1318–5

面　　　积：379m²

表 面 材 料：地面 – 地毯地砖，抛光砖

墙壁 – 透明玻璃

天棚 – 白色乳胶漆

设计・施工：Samo Architects

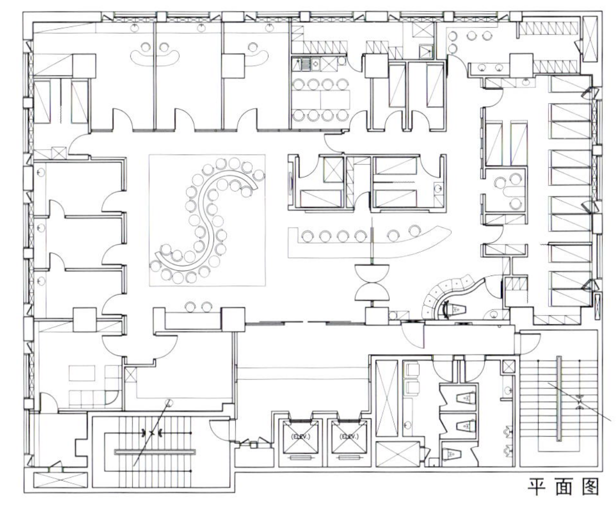

平面图

Yein诊所

Yein Clinic

Yuil ID +Lee Kyoung-yoon+Bae Eun-kyoung

ID Yuil ID

光线融入空间。
缝隙中流露的光线指引路，沿着路形成的光线融入的空间。

天棚很高，而没有一丝光线。

以上两种条在设计中成为必须解决的难点同时又具有无限的利用价值。

较高的天棚组成较低较高的空间轮廓。地面设置较暗的光线显示深度。只有天棚装成白颜色，高低不同的部分利用照明光线调节强弱，起到分辨作用。根据业主要求各空间排除压抑感，但适当地利用夹缝和光线，隐藏和露出提供小巧玲珑的景象。从夹缝中露出的光线和隐藏的光线更显空间的丰富感，并给每个空间带来活力。宽敞的庭院和狭窄的道路，从小角落散步回来遇见的休息亭，还有扩建的庭院构成狭窄的空间更加狭窄，宽敞的空间更加宽敞。随天棚和光的一系列装饰强调界线的功能性，取缔了厌烦感带来的缺陷，使每个空间显得别具一格。

位　　置：汉城市中区乙支路6街hello apM时尚

面　　积：279m²

表面材料：外部

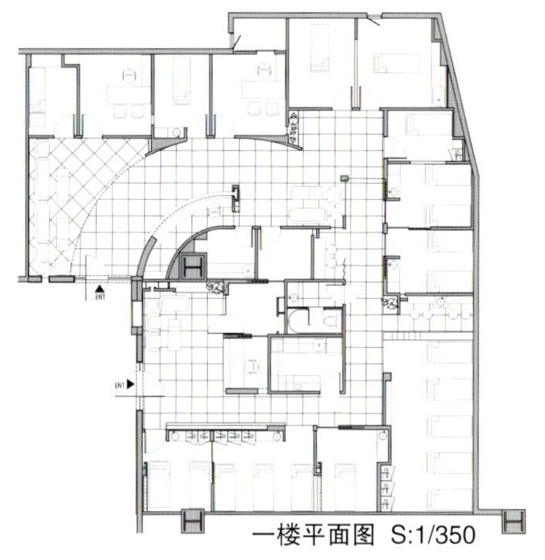

一楼平面图 S:1/350

Yonsei E-smile 牙病诊所

Yonsei E-smile Dental Cilnic

Lee Soo-yuob
Yein Design

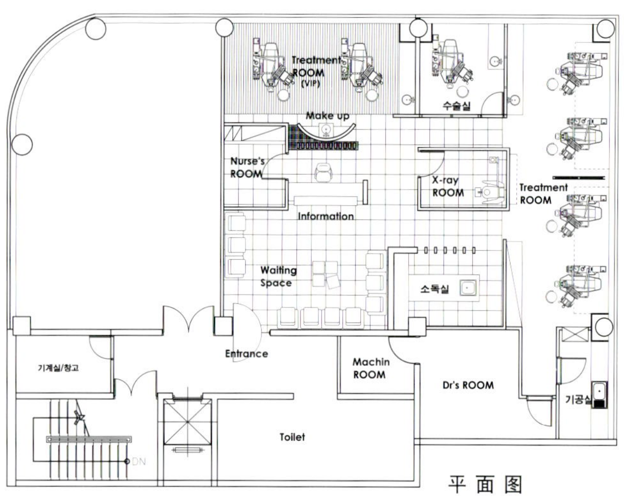

平面图

位　　置：高阳市日山区日山
　　　　　3洞
用　　途：医疗设施/医院
表面材料：地面-地砖，玻璃
　　　　　墙壁-木板，抛光砖
设计·施工：Yein Desig

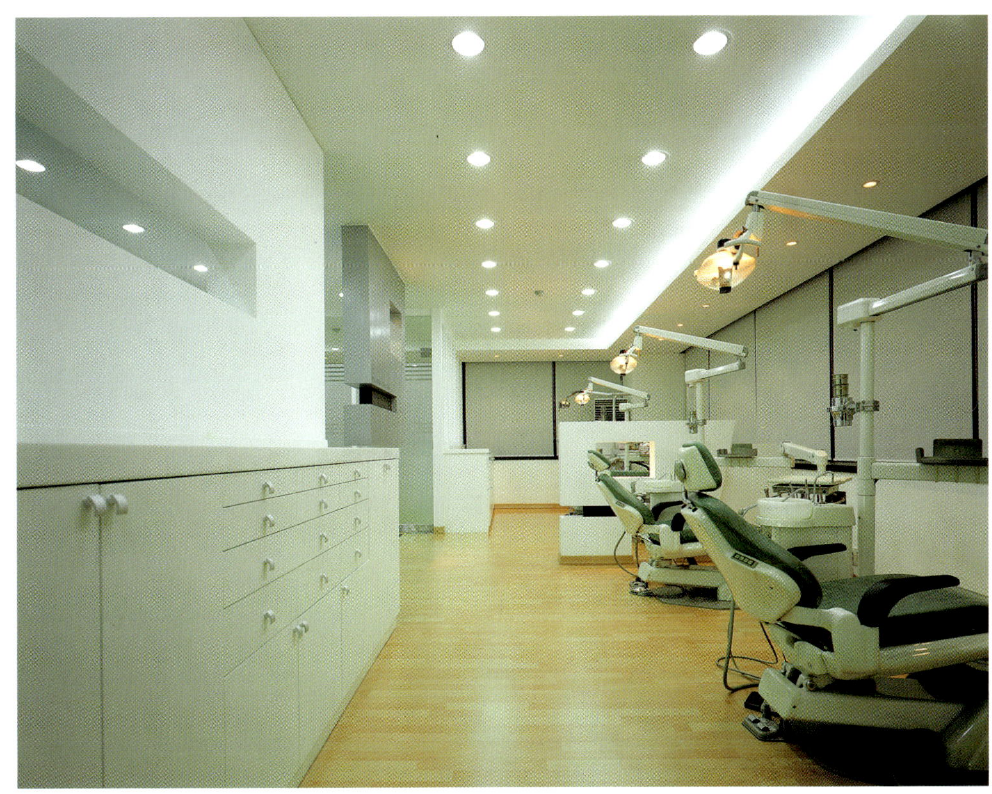

Yonsei E-Smile Dental Clinic

Ahn 医生外科整形诊所

Dr.Ahn’s Plastic & Esthetic Clinic

Jang soon-gak

jay is working

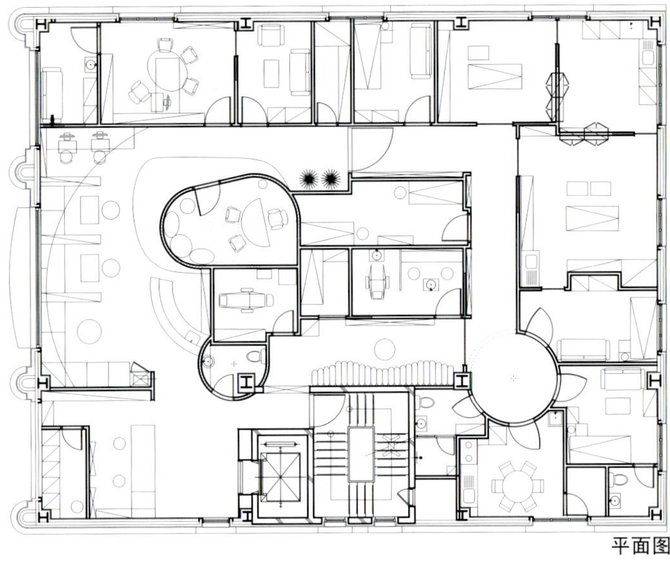

平面图

一年前开始对流动的空间和它的形态感兴趣。对空间中的空间概念内对形态变异区域苦恼时突发奇想原箱式空间灌入其他形态的空间时箱式空间起背景作用，又强调了灌入空间的形态。它们的组合也改变了灌入空间的外部空间成为体现流动空间的要点。《Ahn医生的外科整形诊所》的不完整形态与近期作品《E.O.S.眼科》中的形成独立的轴不同，它在空间内部的各形态要点相互组合，各自强调独立的形态，因此清晰地看到界线流动空间。

电梯前厅的入口为2.5m的天棚空间，护士中心前大的交叉部分是被压低空间里引导界线的无言的装置。

入口处左边英文标识暗示前面的空间。立面体起到将整个入口空间融为一体的作用。被压得2.5m天棚空间和等待室3.4m空间相交，相交的目的是为强调空间力量。它们入口处使用了圆筒，是对今后不定形形态的暗示，同时为初诊患者和再诊患者自然引导的分离界线功能。进入等待室时直线和曲线，固定形态和不定型形态形成鲜明对比，这是此次设计的要点空间。分为诊疗，咨询，等待/手术，入院，处置循环的整体空间，特别是手术室墙面照明和利用提示照明等塑造医院的专业性。功能方面整体循环治疗减少了与其他患者之间的相遇。

位　　置：汉城市江南区清谭洞91-9

面　　积：330m²

表面材料：天棚－白色乳胶漆，壁纸

墙壁－涂装天然漆，壁纸，人造大理石，皮质垫

地面－地砖

设　　计：Jay is working

2

welcome

ENT 开放式诊所

Open ENT Clinic

Eunhwa Elizabeth Lee
Plus Design Group

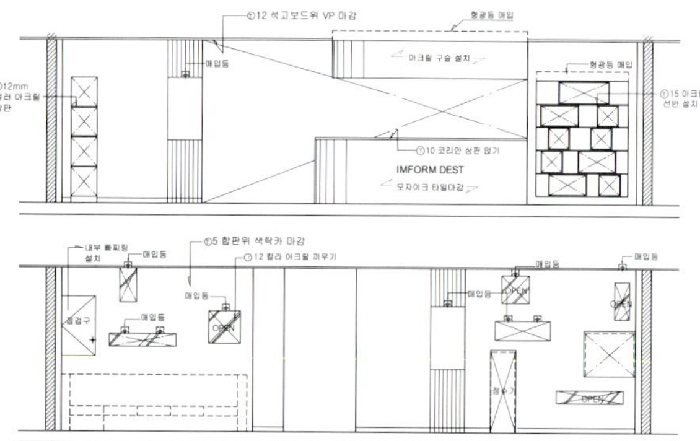
内部立面图

如是如非……

透明，光，反射等要点混合的空间是摆脱传统医院的呆板，凄凉的氛围计划为欲暂时停留的休闲空间概念。为占整个患者50%以上的儿童患者特设的。即像医院又不像医院……曾给患者带来恐惧的空间设想变为带来欢乐的空间。电梯开门时最先进入视线的正面就能感觉整个空间的气氛。通过有深度的墙壁流露的光被彩色珠帘折射展现各自不同的形态和颜色。这种空间变化原封不动地连接到内部。

进入内部时垂吊珠帘照明咨询台引入视线。透明材料的树脂和光相遇通过反射照射出神秘光线。等待室分为一般等待空间和儿童等待空间。坐在沙发上，从透明彩色树脂箱拿出一本书给孩子读书的父母和穿梭在大厅之间的

儿童，对于他们并没有任何的厌倦感。等待室里来回翻滚的孩子们还有左侧等待室小巧玲珑的银色椅子和桌子能与父母尽情玩耍。反射到与等待室相协调的透明水珠瓶和树叶的光给整个空间注入活力。

诊疗和治疗结束了。

但是，孩子们不想回家。

位　　置：京畿道花城市太安里冰店里 348-4

用　　途：医疗 / 医院

面　　积：126m²

表面材料：地面 – 地砖

墙壁 – 彩色天然漆

天棚 – 乳胶漆

设计时间：2003.5.16 ~ 2003.6.1

施工时间：2003.6.2 ~ 2003.6.28

设　　计：Plus Design Group

本栏图片提供：赵太勇

회복실
진료실
원장실
청력검사실
냉난방
주사실
간호사실
치료실
INFORM DESK
대기실1
대기실2
간판
ENT

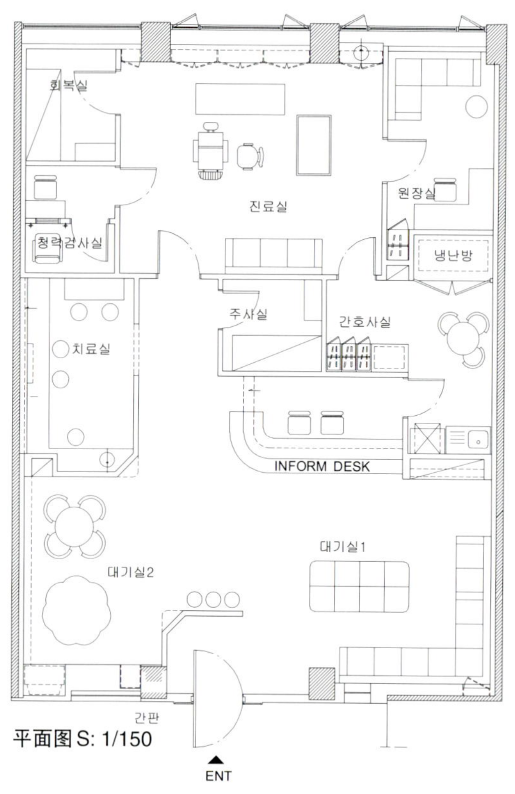

平面图 S: 1/150

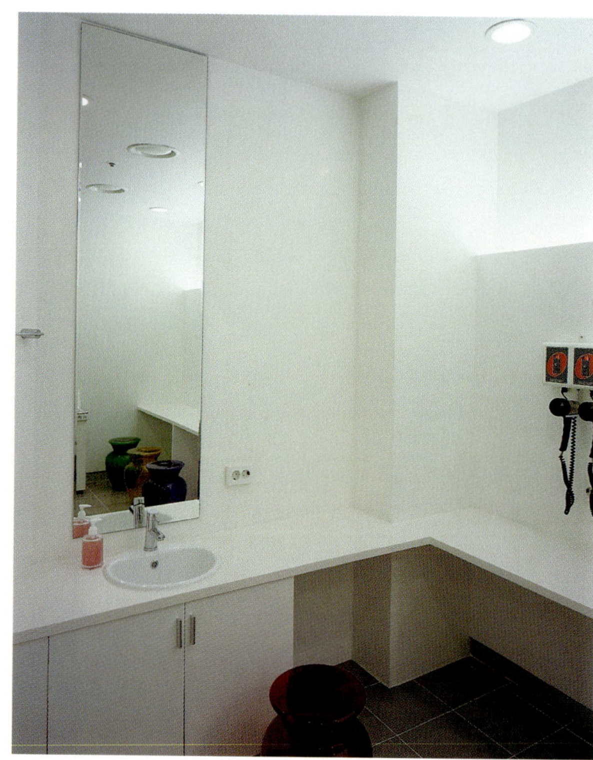

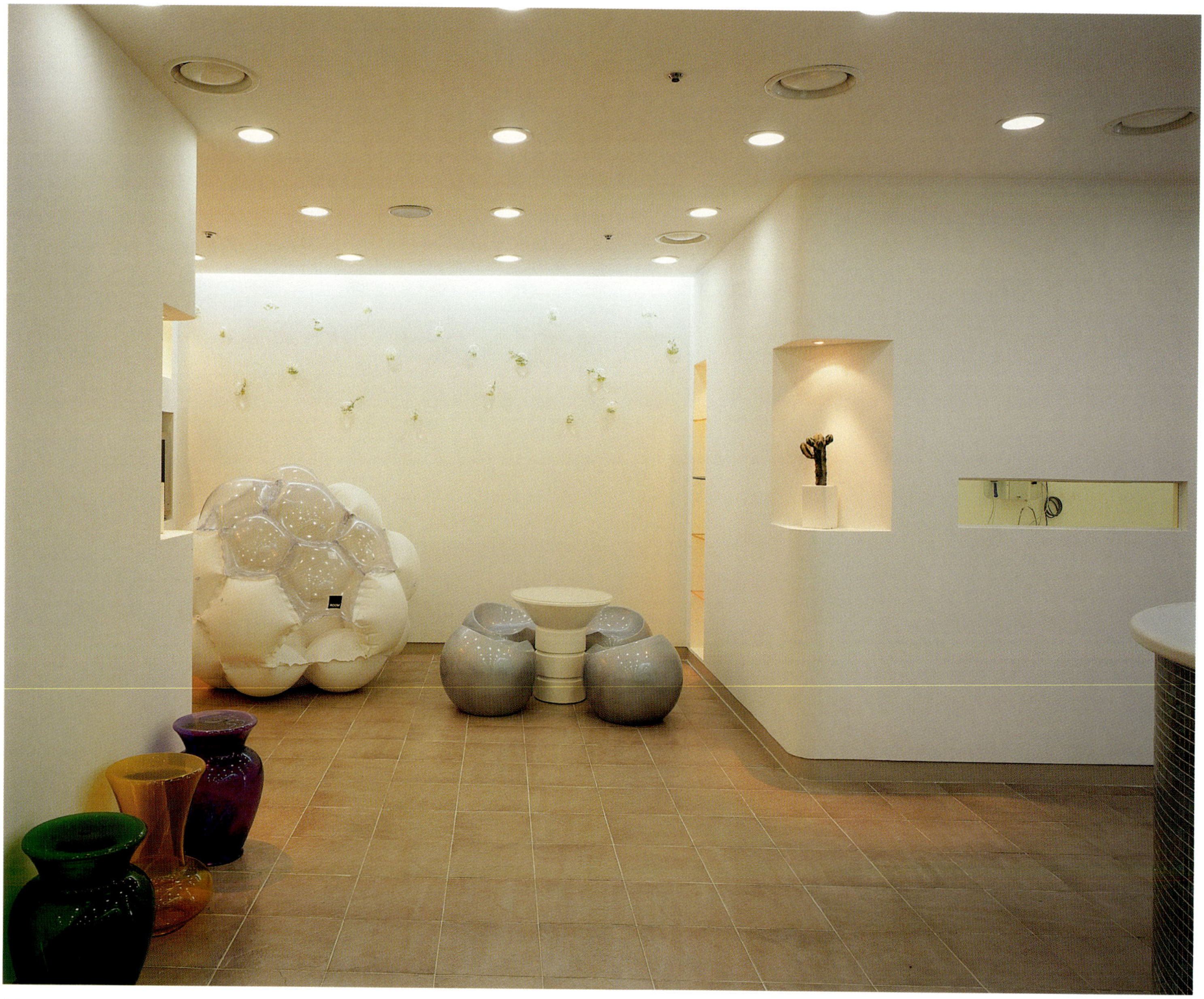

Ahn's 外科整形诊所

Ahn's Plastic Surgery

Kim Dong-myung

Arisans Korea

小时的记忆直到成人的现在还记忆深刻，中医院是充满了恐惧感和好奇心的地方。

小时候放学回家，享受下午阳光玩耍过的掷土游戏，恐怖空间的医院。以及我的，不，所有孩子的童心记忆融入到空间里。依旧在夕阳下……

位　　置：汉城市江南区

面　　积：115.5m²

表面材料：墙壁－土砖乳胶漆，透明

地面－地砖，木板

窗户－铝合金窗，木质橱窗

家具－木材

设　　计：Artisans Korea

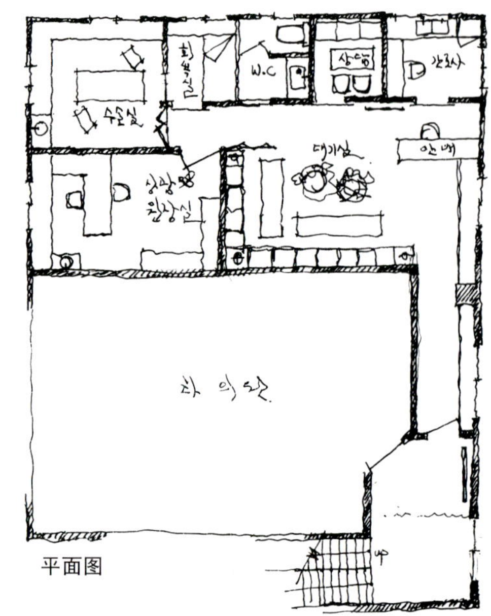

平面图

本栏图片提供：安氏整形美容院　摄影：李哲熙

GO WOON 妇产科医院

GO WOON Obstetrics & Gynecology

Jung Nam-heun

Irum design

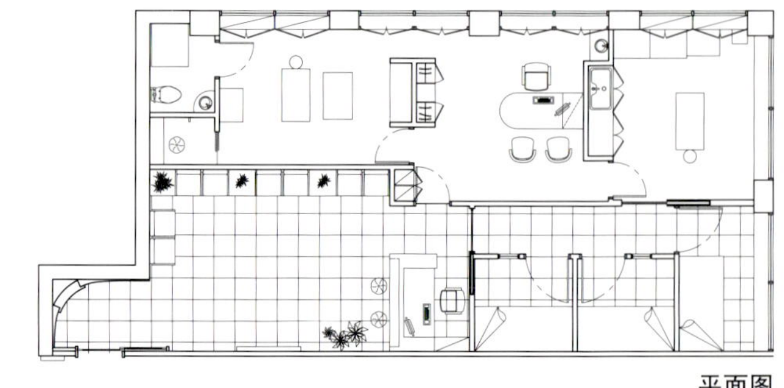

平面图

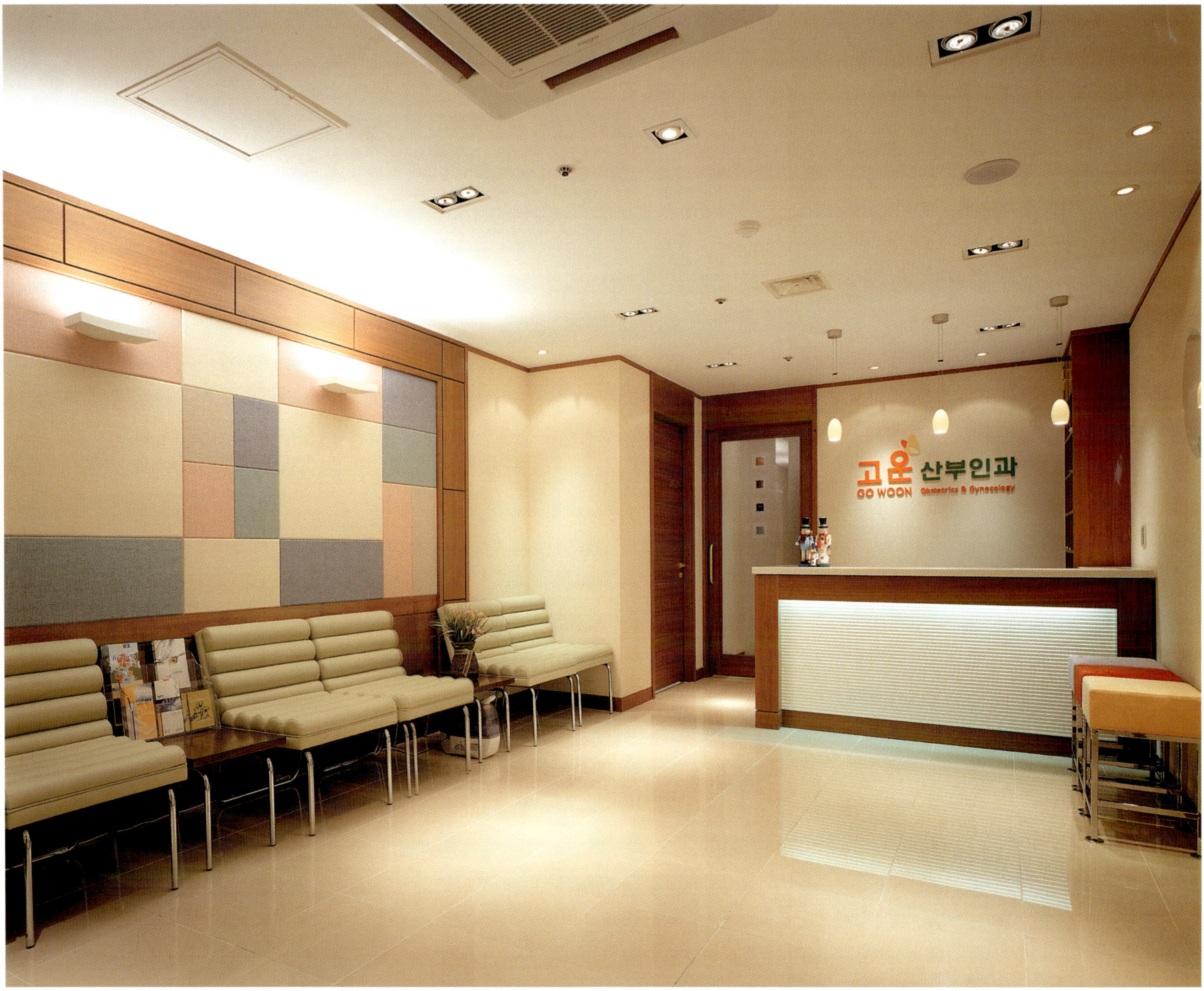

用既摩登又高雅的主题风格来进行设计，想通过鲜明的颜色对比表现时尚感，大厅为了强调卫生四面用白色壁纸处理，大多用胡桃纹木而感觉单调的空间用暖色系织物增添一份优雅氛围，诊疗室用素色系织物处理，以此来稳定患者的紧张感。

叠窗和灯箱采用韩纸纤维提高品位，医院的出入口用特殊纹样的烛刻板玻璃给人一种开放的休闲感，它在内部设计中也反复采用，使之达成了设计的一体感。

它的设计打消了原有的普遍存在的设计的重压感，使利用此空间的人们随心所欲地进行交流。

位　　置：汉城市北区东仙洞 114–1
用　　途：医疗 / 医院
表面材料：地面 – 抛光瓷砖、塑胶套
墙壁 – 胡桃木、墙壁纸、织物
天棚 – 乳胶漆、壁纸
设计时间：2002.9.10 ~ 2002.9.25
施工时间：2002.10.1 ~ 2002.10.30
设计、施工：Irum design

MIR 齿科医院

MIR Dental Clinic

Yi Dong-won
（株）IDAS lin.

如今，齿科医院的设计处于特殊的转折点，从物质享受空间过渡到精神享受空间，也就是过渡到“追求崭新的生活意义”的过程当中。这种生活形式的变化随着功能完善和经济效率提高使齿科医院的概念急切的需要过渡到艺术倾向性的文化空间。

“MIR 齿科医院”的设计从导入这个概念开始进行，作为国内惟一的最大规模的医院，从规模上就要求不同于中小规模的形式，要求惟我独有的系统，并且要求各楼层与每楼层区域之间的特殊规划。首要的问题是可容纳的空间规模，这点用设置垂直运动体系的 dumb-waiter形成系统，缩短了等待时间还形成了one stop system。

等候大厅避免单调功能增设了网吧、影视屋、娱乐室等各种特殊功能室，走廊不仅是连接各个室内的单纯形式，在这基础上还赋予了各种丰富的色彩来演绎生动感，并且设置艺术画廊结构增强了视觉形象效果。为了避免主等候大厅的喧杂，特增设了中间休息室。诊疗室与手术室也符合大型医院的特点，强调区分化和特殊化，突出了专门医院特有的形象。

这种大型医院、专门医院特有的系统分别设在各个楼层，且各楼层的风格迥异，色彩个性鲜明。

既有整体感又有各自的个性特点，因此显得丰富、多样。

如今，齿科医院的设计不单纯是物理空间，它所蕴含的是生活的韵律与模式，随之，社会、文化、经济、人口统计学等因素的各种变数通过三维的接触容纳和反映，它是面对未来变化的一种崭新的概念，将会引导整个齿科医院文化的潮流。

位　　置：大邱市中区三德洞
用　　途：医疗 医院
面　　积：6 930m²
设计范围：1～10楼，外观－修建
表面材料：地面－大理石、瓷砖
　　　　　墙壁－壁纸、涂装
　　　　　天棚－壁纸
施工时间：2002.3～2002.6
设计、施工：（株）IDAS lin.

本栏图片提供：（株）IDAS 摄影：陈孝淑

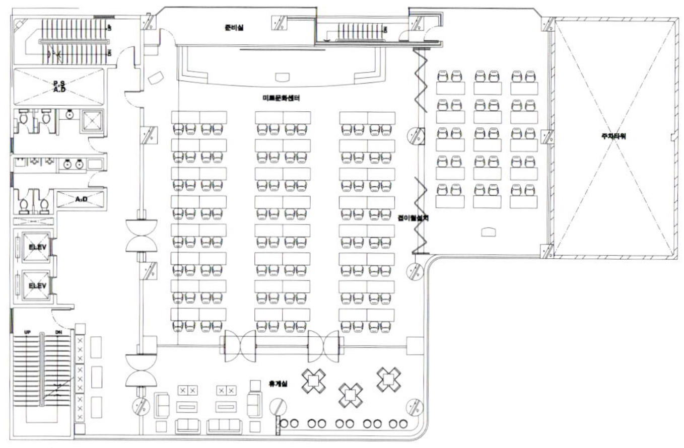

10楼平面图

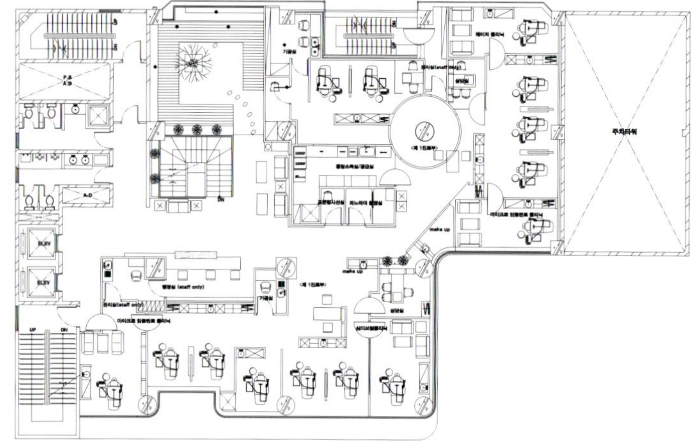

2楼平面图

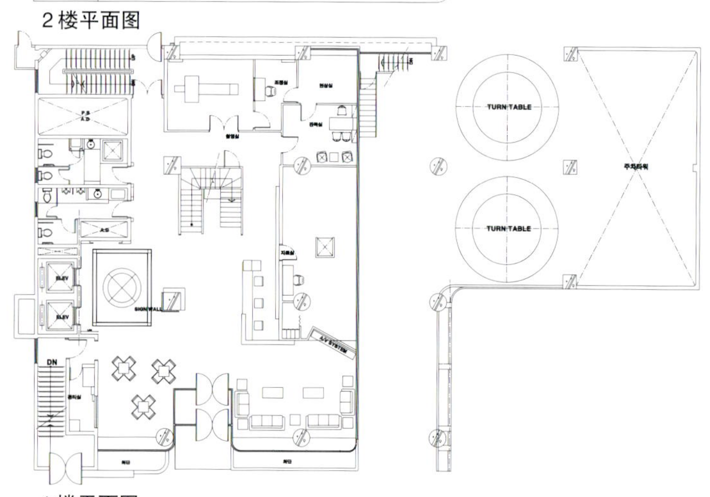

1楼平面图

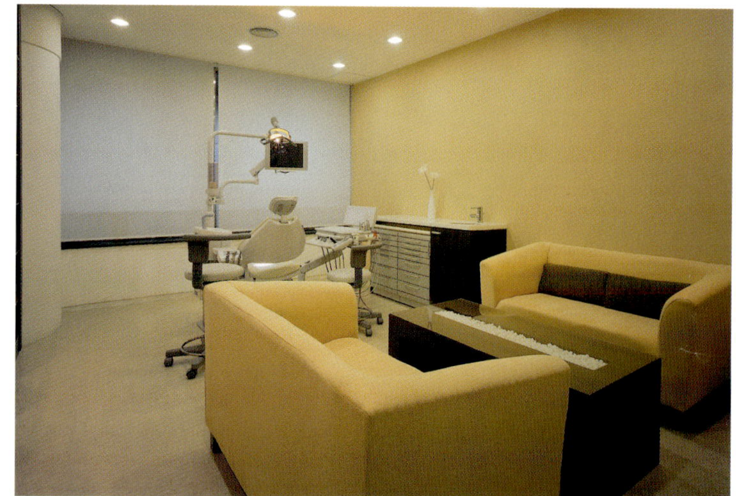

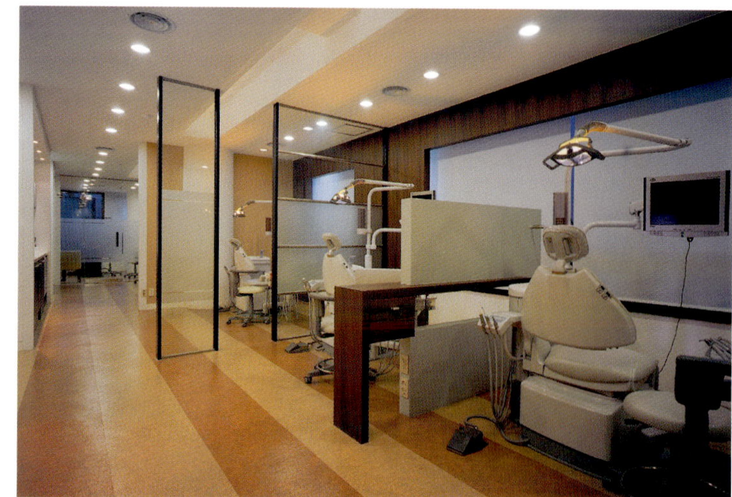

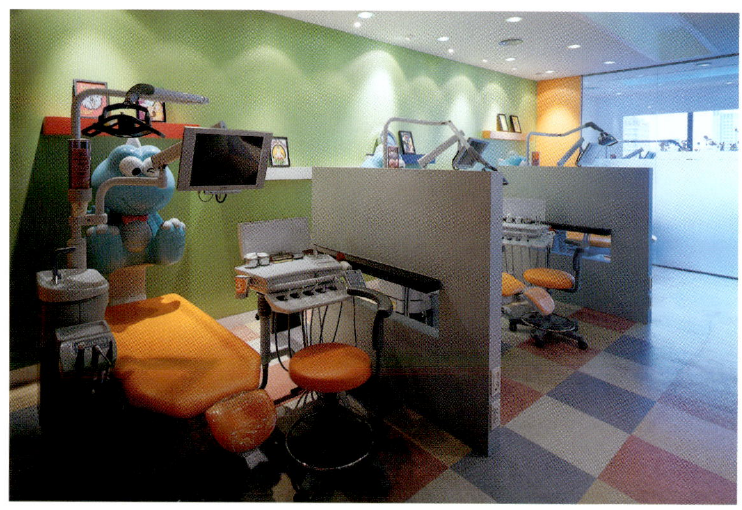

安氏齿科诊所

Dr.Ahn’s Orthodontic Clinic

Oh Seok-kyu

（株）FUV space works FUV lnc

本栏图片提供：建筑设计集团FUV

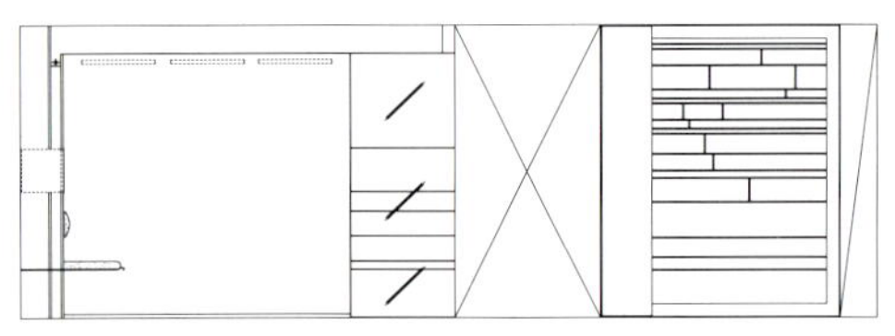

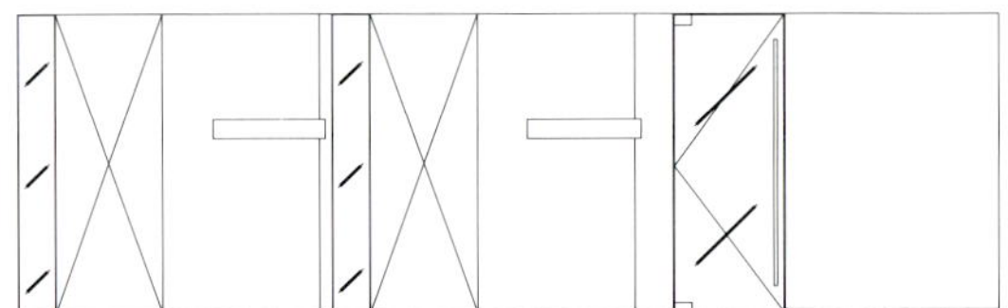

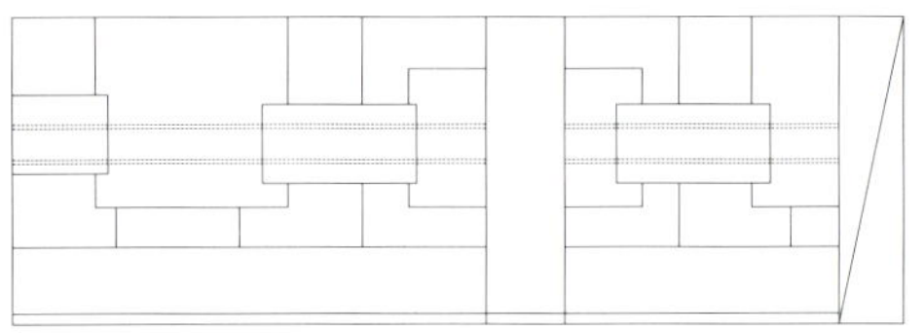

立面图

位　　置：京畿道富川市圆尾区中洞 1062-4
用　　途：医疗 / 医院
面　　积：207m²
表面材料：地面－抛光瓷砖、P 瓷砖、卷地毯
墙壁－织物、条纹木、乳胶漆
天棚－乳胶漆
设计时间：2001.10.2 ~ 2001.10.15
施工时间：2001.10.20 ~ 2001.12.5
设计、施工：（株）FUV space works FUV lnc

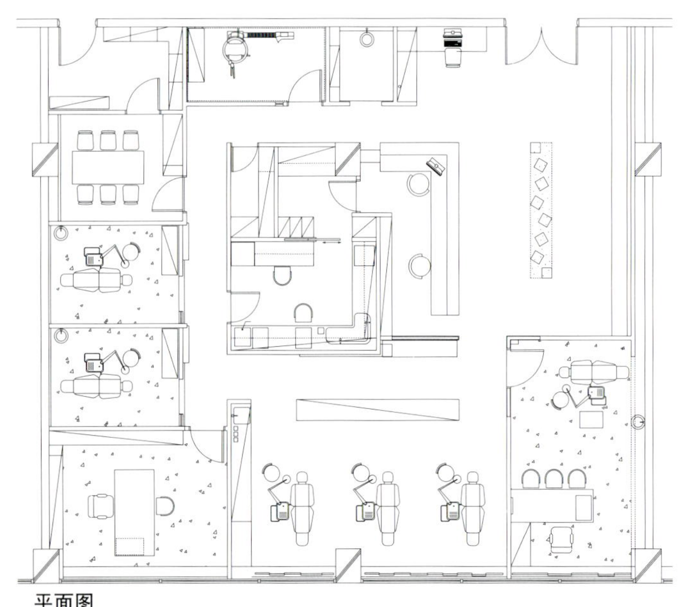

平面图

通过几个月前负责设计的一所齿科医院的院长又接收了这家医院的设计，初次见面在7月份，此后通过3个月的协商与图纸设计，直到过中秋节才开始动工，作为个人校正齿科门诊属规模稍大，每个室内的规模基本上没有问题，但如何最大限度地扩大功能与效率需要精心的设计，以技工室为中心设置各个室，进而自然连接诊疗与技工的功能性，为了解除医院内的不安与紧张感计划温暖又摩登的整体氛围，自然地也就采用了条纹木和织物这类素材。

进行医院设计时经常体会到内部光线效果（减少患者的压力和恐惧感）的有关照明设计，它不是建筑物因自然光线而形成的结构，而是通过人工的光线效果形成空间。因此取消直接照明采用间接方式从等候大厅到商谈室之间的天棚与墙面之间隔300mm的距离，在墙里面埋下照明灯，光线通过天棚流过墙面垂落到地面，主诊疗室的back-desk上部也采用同样的效果。等候室的造型物体现了整洁的空间视觉效果，也实现了展示校正标本的功能性。这个造型物用金属制作体现条纹木角端部分的时尚感。整体上用简单的线与表面材料进行处理，有时会感觉单调，为了避免这种单调感，主诊疗室和商谈室窗户部分用各种颜色的织物装饰，给空间赋予了变化感。这种变化形式还用在等候室的迎宾区域侧面，给强调透明性的空间增添了变化，在整体空间内主要强调诊疗为主的功能性而设置各个功能室，通过体验间接照明的等候室、商谈室、诊疗室等的氛围来消除医院内的紧张与不安感。

e-zone 齿科诊所

e-ZONE Dental Clinic

Yi Dong-won
（株）IDAS inc

Fractal部分包含着整体的自我类似型和体现少数特征的形象。

传说中宇宙形成之前的浑沌Fractal已成为设计领域中的研究对象，这与追求崭科学方法的现时代精神相一致。东洋文化的浑沌是与分析知识相对比的“无为自然”的意义，认为这世界的根源即宇宙的秩序。庄子曰应把浑沌、模糊的东西为自然，若添加人为的制作将会丧失其生命力。相反，西方人为的浑沌是创造宇宙的一种手段，他们的哲学与科学是在秩序的合理性基础上形成的，对于秩序和法则的研究大大发展了西方的科学领域，成为当今西方科学比东洋科学发达的原因之一。但我们会发现东西方对于混沌的共同理念，即浑沌乃是物秩序，但其中必有与无秩序相反的秩序。浑沌内含着无限的秩序，具有把丰富的新结构进行自由地，自我组织的能力。具有无限的创造力。

包括台阶室和电梯的核心部位占据了整个空间的中心部分，对基本结构分为两部分的不利条件开始进行设计，根据进入、移动发生的变异。长廊的重新解释，根据空间特性的区域划分等领域需要导入新的概念。通过风格主体探索和空间结构基点成为联想到混沌为这一空间设计主体的契机。路过受理台时具有自我类似性的垂直线形成圆形而反复排列着，随之与阴影相遇，显得空间不是完全封闭的，而是相互有机组合，自然呼吸。每个诊疗室都通过此地连接，相反的一侧为特级诊疗室，在那里再一次体现圆形结构空间，结果具有连接功能的长廊分为两块大小不同的圆形区域起着连接各个功能室的媒体作用。

浑沌与秩序的反复形成fractal，其中世界的包罗万象在各自表现着自己的角色。

本栏图片提供：（株）IDAS 摄影：陈孝淑

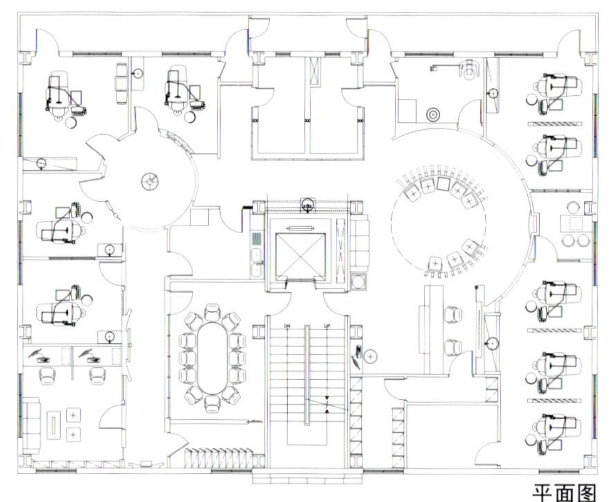

平面图

位　　置：市南区达洞宣英大厦2楼
用　　途：医疗 / 医院
面　　积：297m²
表面材料：地面 – 抛光瓷砖
墙壁 – 涂装
天棚 – 涂装
施工时间：2001.10 ~ 2001.12
设计・施工：（株）IDAS inc.

ZONE Dental Clinic

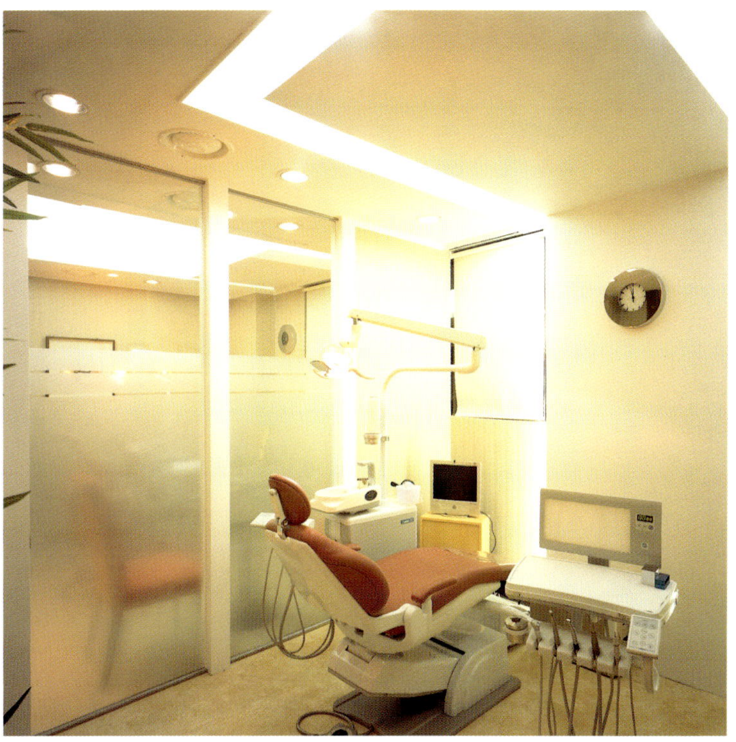

Han 齿科诊所

Han’s dental Clinic

Yi Dong-won

Archiholic design atelier for experimentation

在一个偶然的机会遇见了业主，他专攻生物学科，硕士毕业之后期待着人生的另一个变化，他继续研修齿科大学，目前正准备开一所齿科医院。以前也接触过很多业主，但他至少执著地追求人生的变化，是一位充满热情的人。

我所能做到的事情是给齿科医生活动的空间增添一种激情与活力，我们相同地对自己所从事的工作充满热情，从这一点通过相互沟通和交流在设计时寻找了更多的共同点。

最适合患者的环境究竟是什么样的呢？联系进行治疗的人与被治疗的人之间的某种媒体以材料的方式展现，那么它不仅仅作为单纯的装饰材料，把功能性的材料铺撒在平面上并寻找对其功能性进行削减的材料，排除其物料在日常生活中带有的习性，用人为材料代替，进而期待着不寻常的效果。

32m² 的直四角形平面上有机地按业主要求的各个功能室，随之自然形成的走廊以及根据走廊为轴心区分各个区域。从等候室到出入口之间设置有助于心理缓冲作用的精小的展厅，在视觉效果墙采用的砖以及砖缝隙之间的金属材料感觉有些陌生。

自然材料具有的比例以及不同感觉的材质和工业材料同时采用将会产生什么样的效果呢？有一种莫名的期待。前台的平面也采用了展示厅效果墙，类似许多材料同时碰撞产生的感觉，采用铁板这一强性金属材料和小型组合的镶嵌瓷砖，各个材料力争逃脱原有感觉。

通过走廊可望见等候室墙面的砖、金属砖以及多种质感的纤维砖相互辉映、有机组合。由于诊疗室的特殊性，除人工照明之外还在上面设高窗，白天也能够自由采光。诊疗室和个人诊疗室以玻璃隔开，使个人诊疗室的隐私性被看作公用诊疗室的延续。个人诊疗室与院长室自然连接，面对个人诊疗室的空间作为商谈室使医院职员和患者能够共有的空间。

本栏图片提供：郑永汉

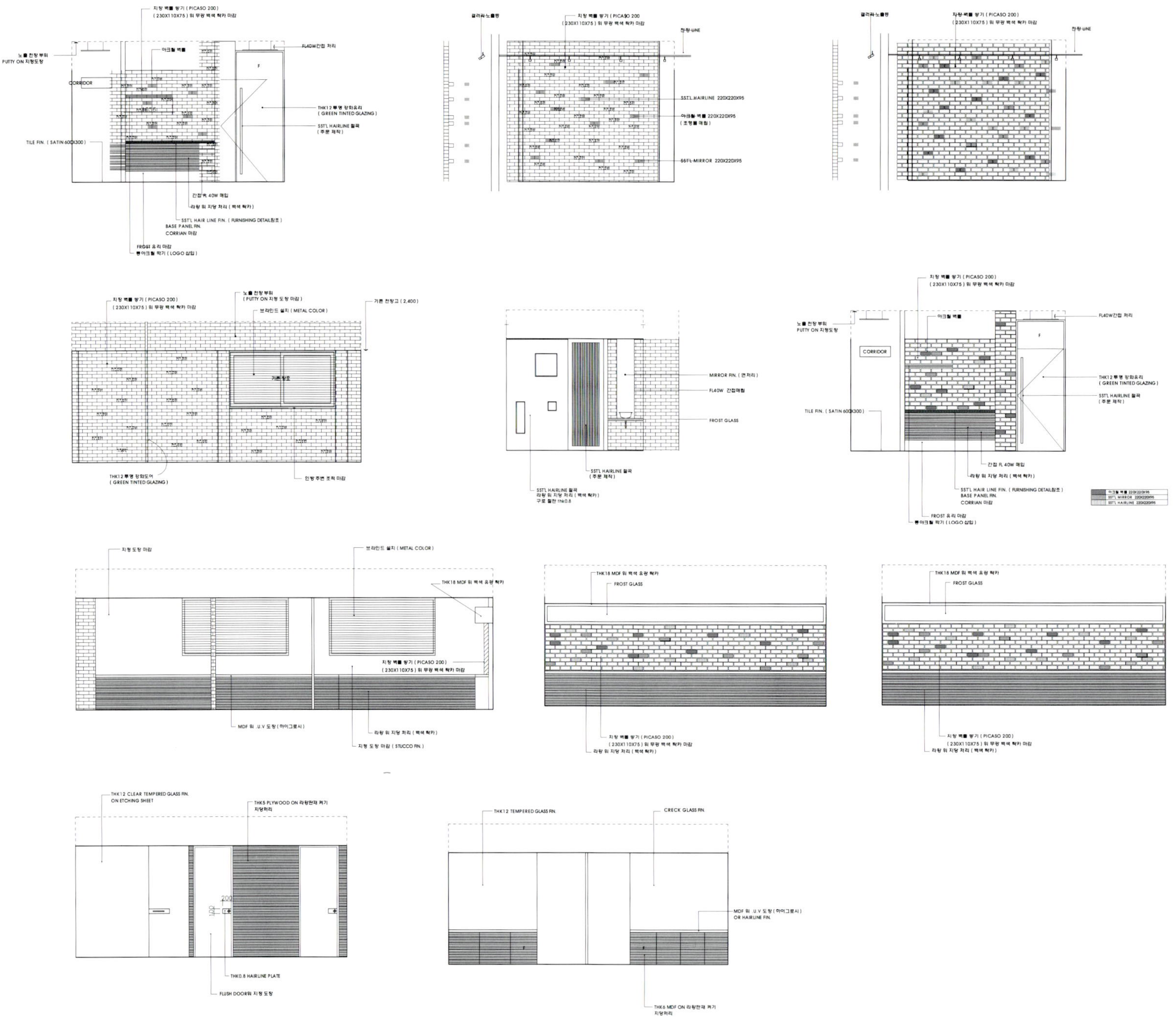

内部立面图

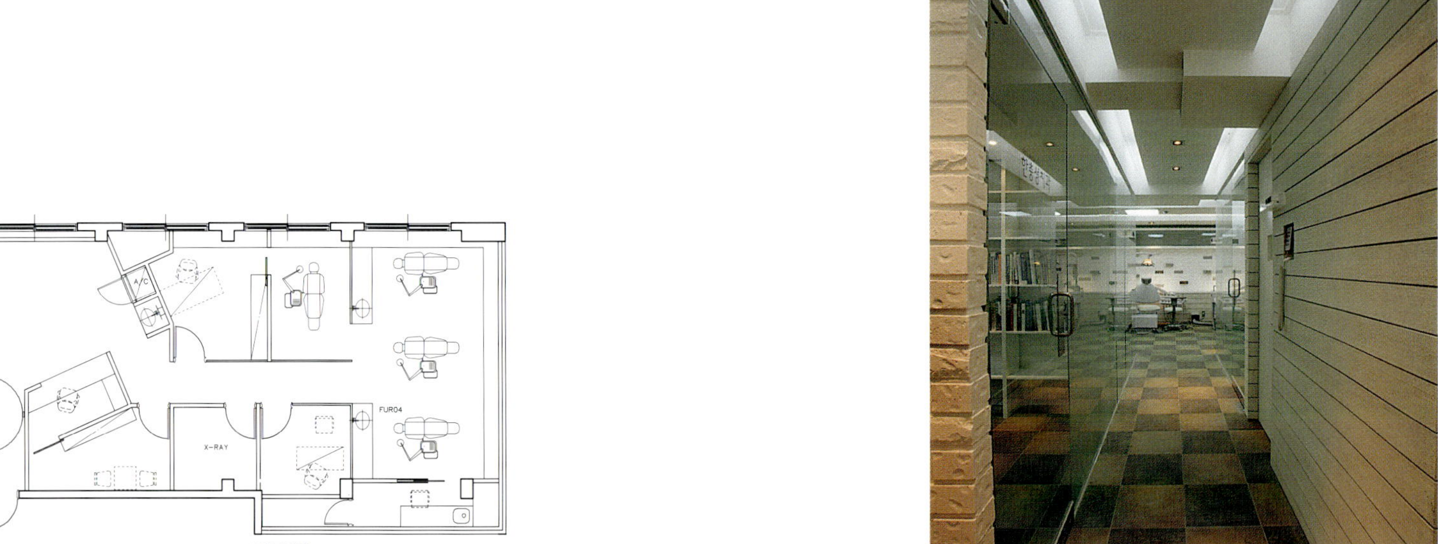

平面图

位　　置：汉城市九老区 160-6
用　　途：医疗 / 医院
面　　积：105.6m²
表面材料：地面 – 铱金、天蓝色瓷砖
墙壁 – 装饰砖、铜板
天棚 – 乳胶漆
设　　计：实验建筑设计工作室
施　　工：实验建筑设计工作室
监　　理：实验建筑设计工作室

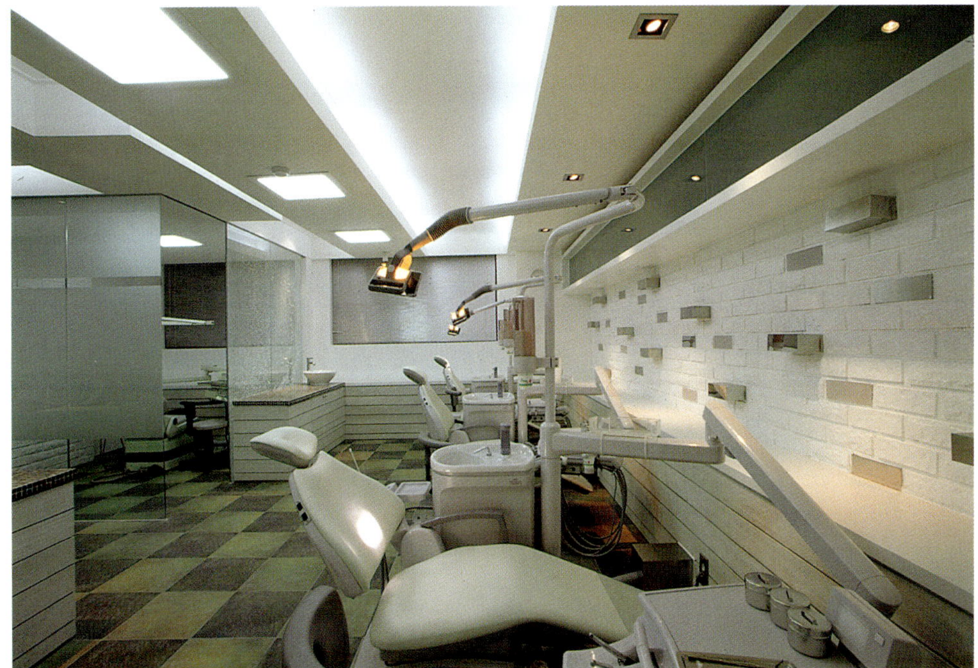

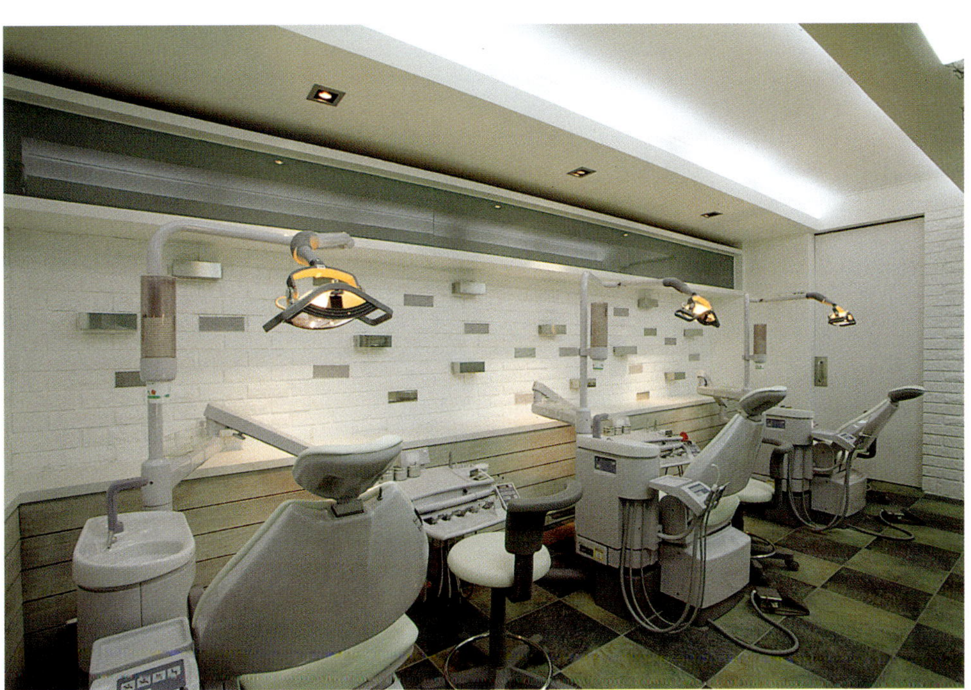

Hyun 畸齿矫正诊所

Dr.Hyun's Orthodontic Clinic

Jeong Jin-kook + Jang Soon-gak
Dept. of Architecture. Hanyang University + jay is working

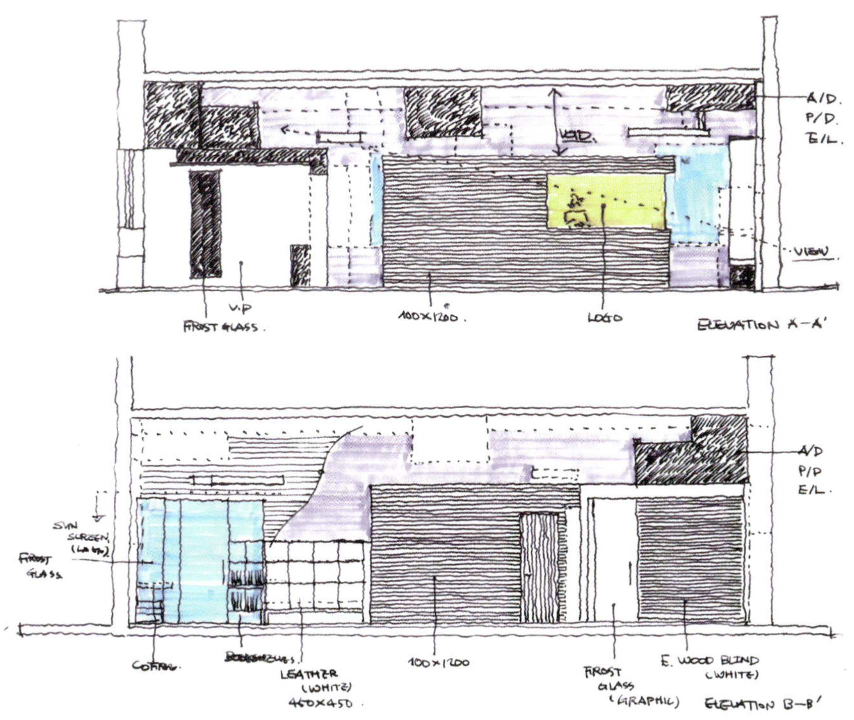

本栏图片提供：jay is working 摄影：郑太虎

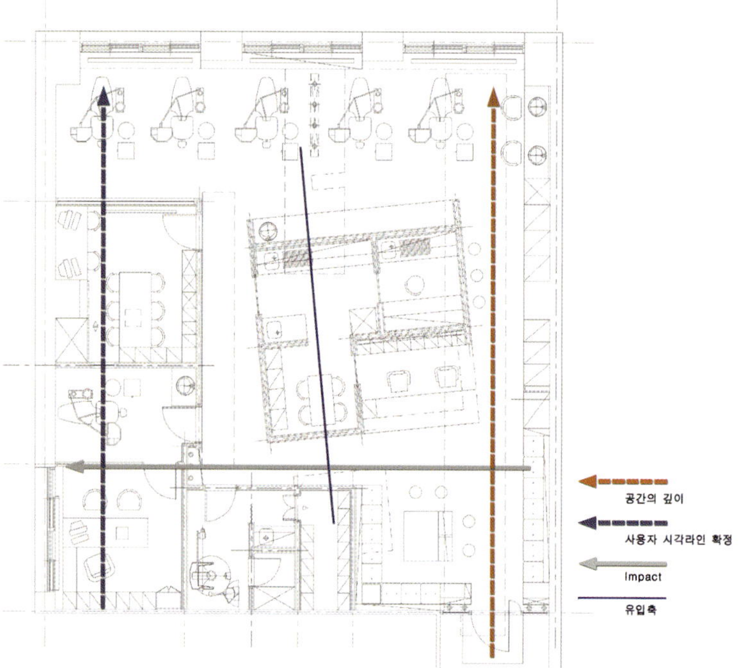

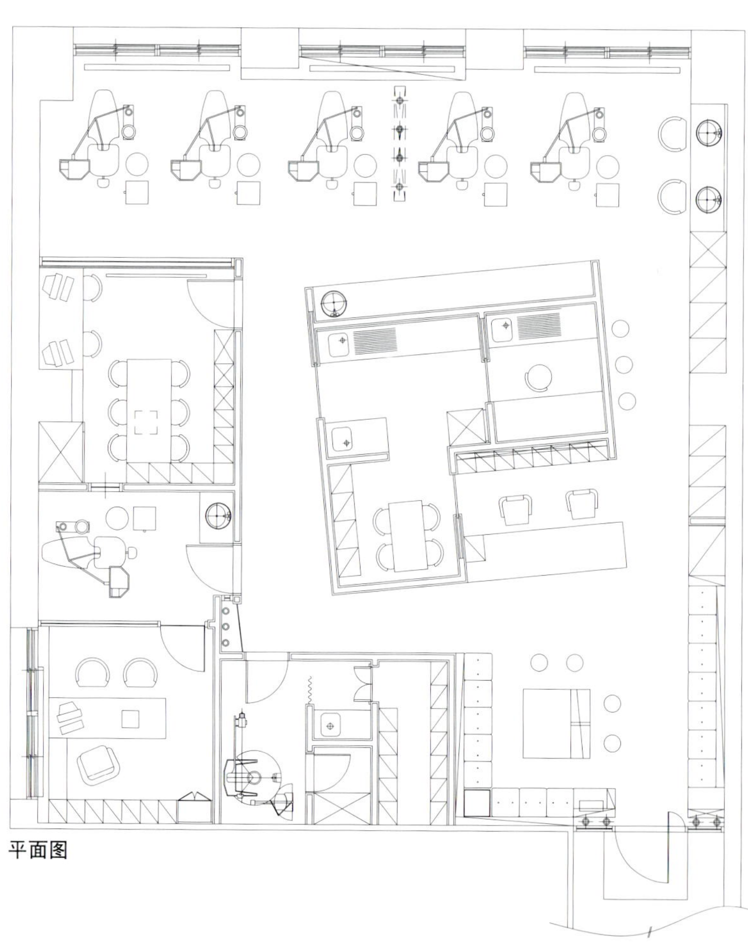

平面图

进入室内通过对面的窗口望见的公园绿色风景给人舒适的感觉，窗口冲着南侧一整天阳光明媚，如何把大自然赐予的特惠引用到室内呢？首先，当走过20m长的长廊时渐渐出现户外景色并且使之一直在人们的视线内，其次根据校正齿科的必要性排列的特殊空间也最大限度地再现了自然风格，建筑家与室内设计师的相遇是从大自然的思索开始。

整体空间平面角度接近正四角型，根据功能区分和空间本身的特点进行各种空间的分区，最终边缘地区形成“ㄴ”字形平面面积，中间形成一个单独空间，中间面积带一点角度而弯曲，形成方向性明确的各种空间。动力感不单纯指造型方面，它是把接待窗口更接近于等候室和入口处而采取措施的结果。

重要的是去感受空间，刺激观察者视觉的是空间的性质而不是装饰物。空间被光线和色彩效果所控制，观察者所关注的是空间感觉的差异，为了制作这种差异，我们把白色面切断成各色各样散乱的光线，用蓝色、绿色给空间赋于弹性（面与面没有直接相对，总是保持一定距离）虽然从视觉效果出发但最终却获得触觉空间效果。

与自然光一样人为光线是另一种触动感知效果的因素，使光本身积极应用于规定空间性质上，它使触觉空间更加完善，即光线不知从何处发散，只以本质而存在，清楚显现面与面的差距以及面内部的差距。并且根据差距产生的各种空间深度不断地刺激观察者的想象力，引发与周边环境的对话。

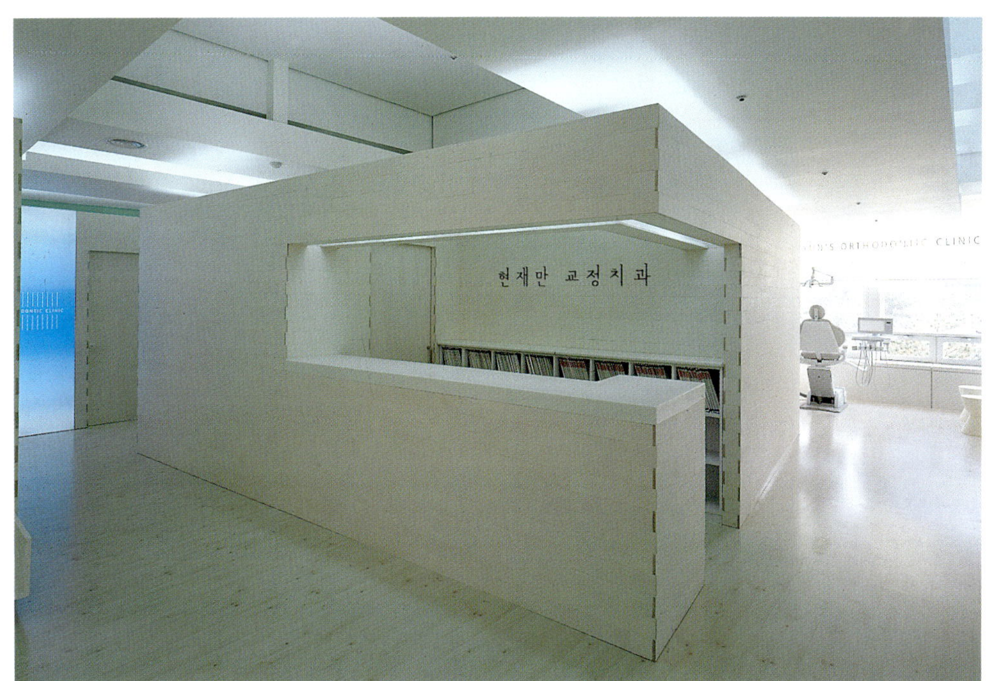

位　　置：汉城市阳川区木洞 dream tower
用　　途：医疗 / 医院
面　　积：165m²
表面材料：地面－白松
　　　　　墙壁－schauman wisa 合板、u.v 涂装、粉饰灰泥涂装
　　　　　天棚－乳胶漆
设计时间：2001.8.1 ~ 10.5
施工时间：2001.10.5 ~ 11.30
施　　工：jay is working
设　　计：Jeong Jin-kook + Jang Soon-gak

OK Line齿科诊所

OK Line Dental Clinic

Back Hyung-mo
（株）DMD

“OK Line 齿科诊所”位于各种保险公司、银行、大型学院入驻的水原市TREBO大厦的2楼，由于在大型建筑物里面进进出出的人很多，为了引导自然分界线排除复杂的装饰，保持各分区之间的适当比例，在韩国代表性的白色底色与黄、草绿、浅绿三原色进行对比制作医院的表情，为了避免白色的单调感添加韩国式的格子造型设计，采用露顶效果表现H-BEAM结构的乡村风情，且强调柱子带有的粗壮感。

进入入口处直四角型的诊疗空间由地面上的隔断来区分，右侧根据功能性分为儿童诊疗室、预诊室、手术室，都满足功能与心理侧面的需要来形成空间结构。不同于其他医院的独特点是把接待室作为信息交流空间而不仅仅是接收复杂治疗的一种概念。

位　　置：庆畿道水原市八达区仁桂洞1125
用　　途：诊所/医院
面　　积：372m²
表面材料：地面－大理石、地毯砖
墙壁－油漆、木板、不锈钢、黑色ALC上面雕塑
天棚－乳胶漆
施工时间：2002.3.4～2002.5.30
设计·施工：（株）DMD

Beautiful Smile
For Happy Smile

치우 선우
OK 치과병원

本栏图片提供：DMD

Pediatric Tx Room
치우 선우
Dental Friends Good Friends
OK 치과병원

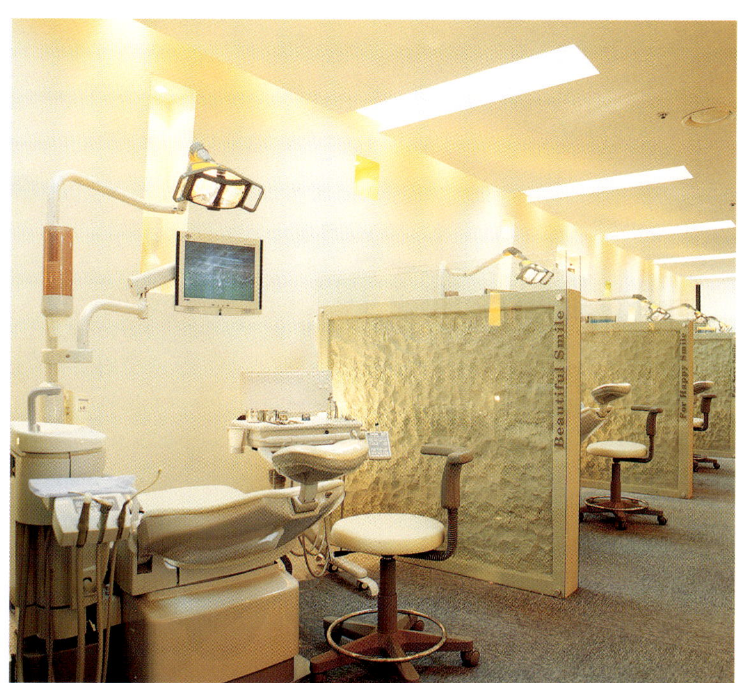

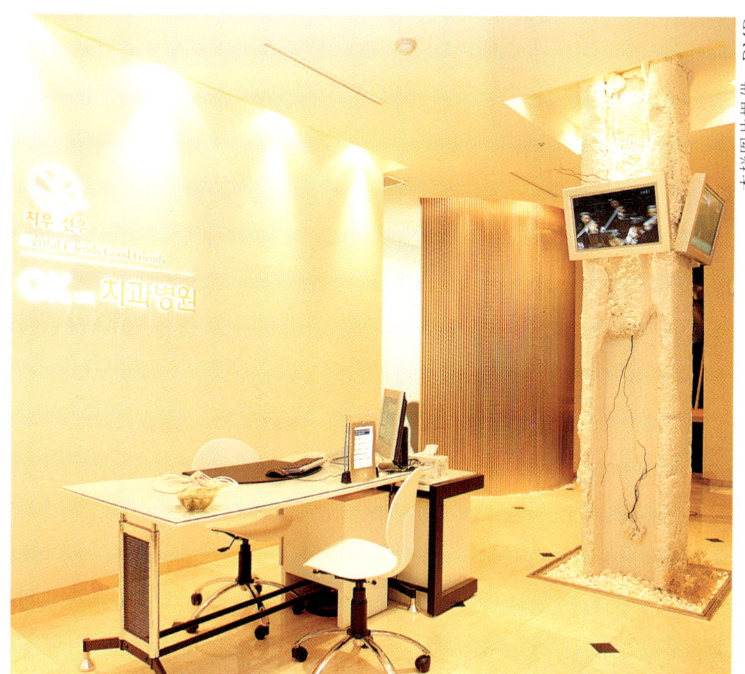

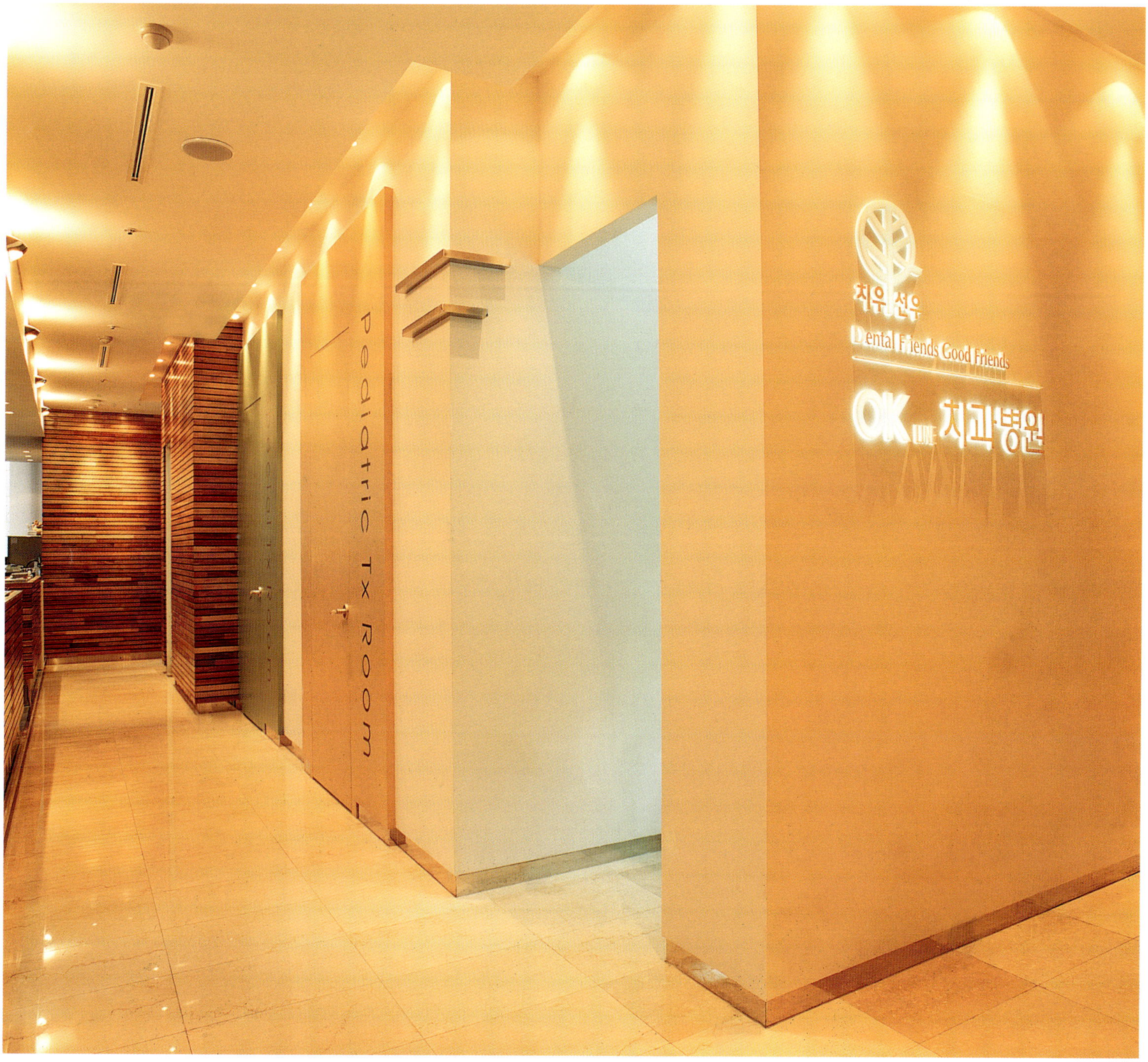

OK LINE 치과병원

Special Tx Room
Pediatric Tx Room

Oath
of Hippocrates
nce with him,and relieve
the same footing as my own
ish to learn it, without fee or s
other mode of instruction. I will
of my teachers,and to disciples bo
law of medicine,but to none other
ing to my ability and judgement,Ico
in from whatever is deleterious and
icine to any one if asked,nor sugges
not give to a woman a pessary to p
nes I will pass my life and practic
but will leave this to be done by
houses I enter,I will go into th
ry voluntary act of mischi
males or males,of freer
rofessional servi

平面图

소독 공급실
TBI
소아진료실
예진실
수술실
기공실
원장실
MAKE-UP
H
WAITING AREA
세미나실
비상구 DOOR
SCREEN
상담실
기계실
X-선실
INTER-NET
CHART

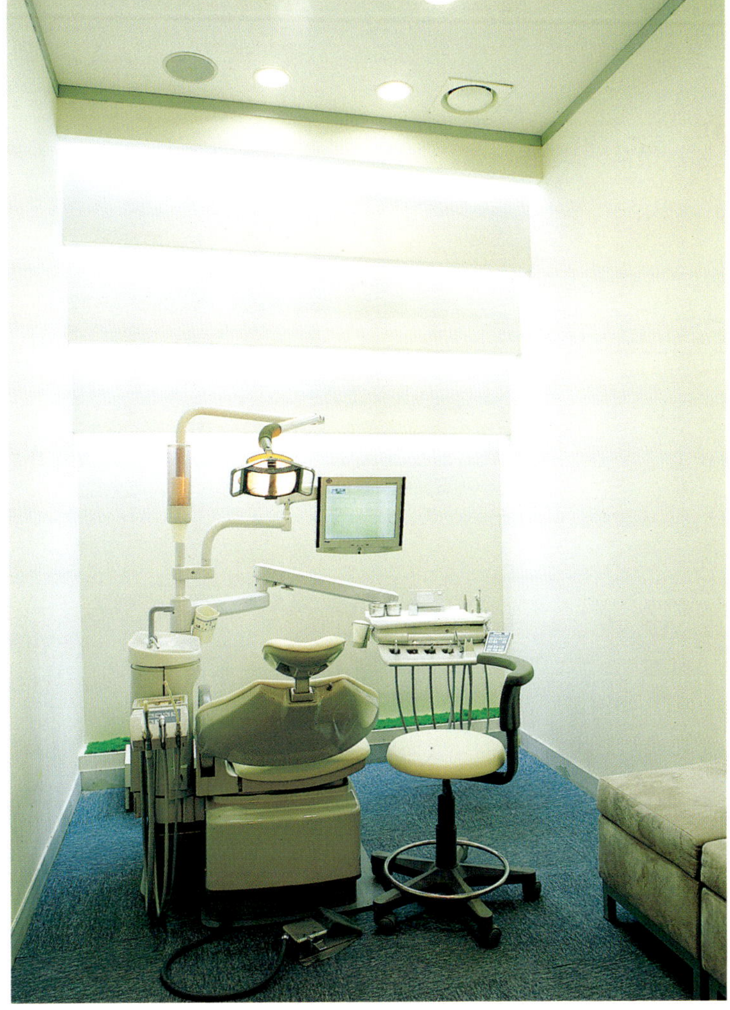

美丽世界皮肤美容诊所

Gounnara Skin Clinic

Sin Ji-sook

ma

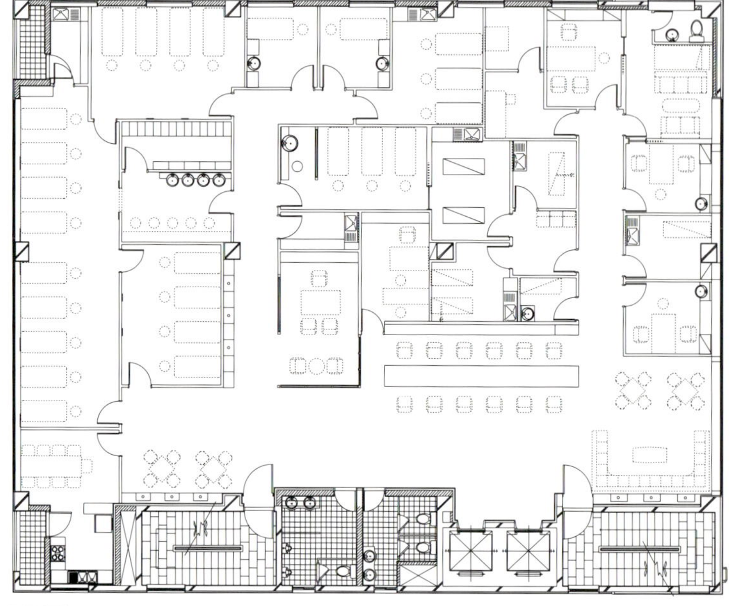

平面图

本栏图片提供：A.ma.

位　　置：庆尚南道金海市内洞
用　　途：医疗 / 医院
面　　积：180m²
表面材料：地面－抛光砖
　　　　　墙壁－大理石、石膏板上涂指定涂料、胡桃条纹木上面指定钢板
　　　　　天棚－钢板、两层石膏板上面涂指定涂料
峻工时间：2002.5
设　　计：A.ma.

Dr.cha's 皮肤美容诊所

Dr.Cah's YonseiSkin Clinic

Bang Jun-ho
JUNDESIGN

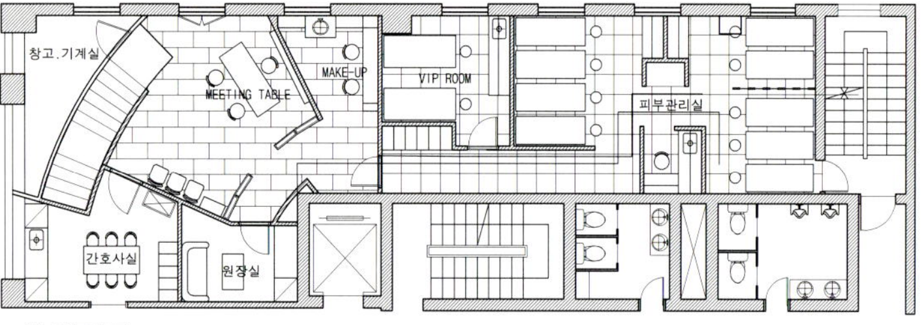

4楼平面图

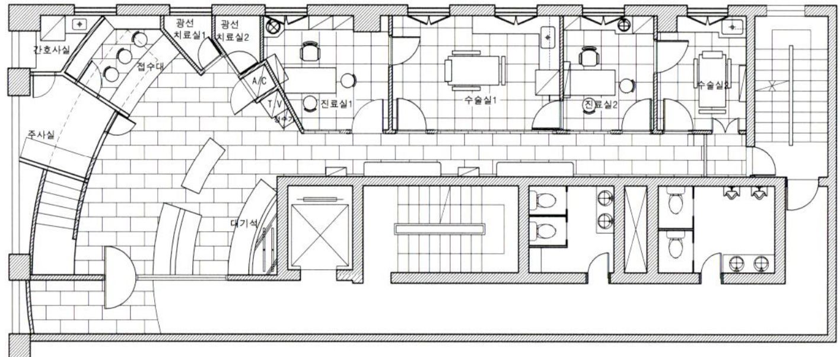

3楼平面图

作为皮肤科和皮肤美容共有的空间，在现代化和简洁、大方的基本设计上再一次进行结构组合与表面材料的装饰来追求空间的舒适感和效率性，把重点放在摆脱现有医院普遍的单调与统一化的形象。

连接3楼皮肤科与4楼皮肤美容的台阶与入口部分利用曲线来引导空间的扩充感和连贯性，采用天然的素材表现亲切感。照明采用吊灯和间接方式。感觉阴凉的墙面和地面上配置古色古香的家具和装饰品显得舒适、平和。一个空间的墙面用不同的材质和板材显得有些单调的空间增添另类的风趣，当然也遵守了其功能性。

位　　置：仁川市桂阳区桂山洞
用　　途：诊所 / 医院
面　　积：246 m²
表面材料：地面－瓷砖
　　　　　墙壁－壁纸、喷漆
　　　　　天棚－涂装
设计时间：2002.2 ~ 2002.4
设计、施工：JUNDESIGN

M J 皮肤美容诊所

M J dermatologic clinic milky &
juicy esthetic

Jang Soon-gak
Jay is working co., ltd.

年轻业主所需求的新型医院（M·L皮肤科）是从商号到装修设计，广告设计统一进行的商标推出计划。据此由初期主题“Milky&Juicy”关键词做成视觉形象化，通过这种形象化各部门进行了应用作业。在楼下40m²，楼上110m²不协调空间面积里有治疗及咨询部门，治疗及管理3个部门组成。因趋于很复杂化，每个空间给与互换性相同样式空间。

一般，按楼层空间面积重新划分时，主要出入口放在面积大的楼层中，相对较小面积楼下层执行附带部门。可是考验了它们3个部门功能连续性和类似点的结果咨询及治疗部门决定设置了与主要出入口处一起的楼上小空间。诊断后进行的治疗科为具体进行连接设置了楼梯在每个空间的作用和视觉空间感扩张起主要作用的内部楼梯与2层天棚尺度连接提示出2～3种款式，其中楼下主要空间考虑到具景色和动感好奇心的诱发等最终确定设立直线阶梯。因此撤出开放部位石板的同时对安全性的构造了确认并加强石板及2楼地面。这种直线形内部阶梯其特有的扩张空间要点足可以说服使楼下空间相对狭小，考虑形成医院的第一印象而担心的业主们也起到了积极作用。同时为解决原租赁的空间面积而采用另一种（延长界线）的概念。大部分认为“界线越短更显效果”，其实那只是排除了心理·视觉尽兴效果的产物。如同电影院上映电影的时间同样是1小时30分但是观众们所感受的时间从可以30分到3～4小时都不相同，在空间上考虑使用者心理·视觉尽兴和厌倦效果即使试图延长界线距离也会让他们的感到运动距离更短，同时让其诱导出空间的大小。同延长的界线，连接主题－大气空间－治疗室界线，在视觉上感到大部分都重叠，好像步入乡间小路一样。这种效果是3种不同规则界线设置不同柱子的结果。这种结果和前面所讲的有意延长界线是设计的主要部分。以上视线风景向外部开放，自然光线从东侧射入，根据时间变化设置的光线感觉和剪影产生不同视觉性。入口处和出口处界线在视觉角度体现的是不同的高度和宽度。从楼下顺着光线楼梯通往楼上的治疗及扩展部分大多属于直线设置，与中央位置的画廊斜线墙面形成对比，强调视觉流线和界线。

本栏图片提供：（株）jay is working 摄影：郑太虎

m·j dermatologic clinic

3楼平面图

엠제이 피부과
m·j dermatologic clinic
m·j dermatologic clinic
milky & juicy esthetic

1300
836

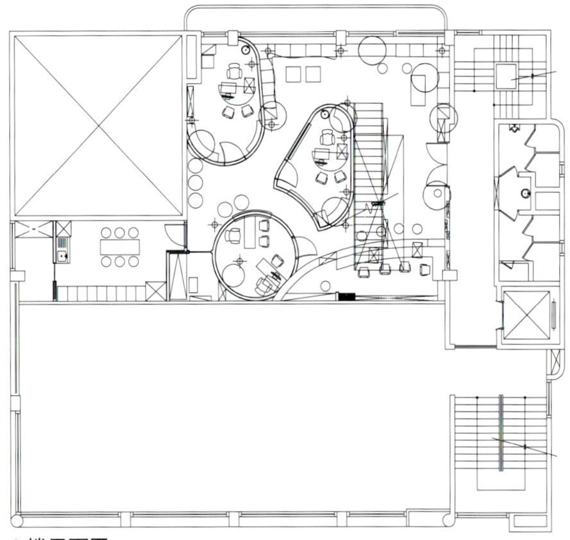

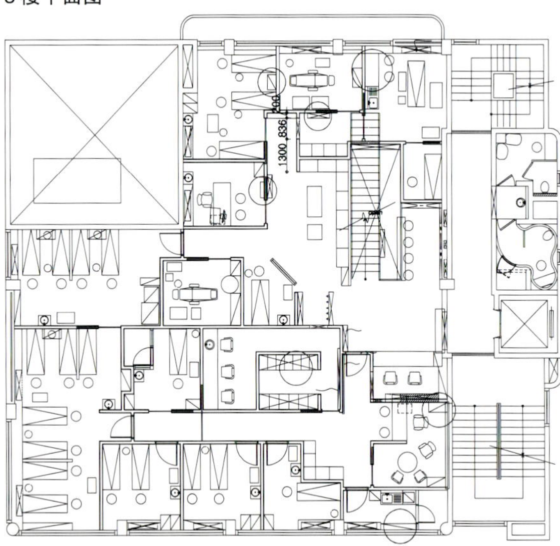

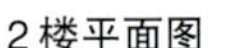

2楼平面图

为强调"轻柔与多姿多彩"图解式交流利用画与画的重叠与光和色彩混合使用。

避免了各治疗室和管理室的床位上部天棚耀眼的光线，为2～3段的照明度设计双重天棚，到处可见的插图画面和彩色画面是为减少治疗患者的不安心理而特设的。

位　　置：大田市西区敦山洞1165

用　　途：医疗／医院

面　　积：491.7m²

表面材料：地面－抛光地砖，t/o 地板块，地砖，钢化玻璃

墙壁－涂装天然，丝织木板，皮垫，壁纸，钢化玻璃，板

天棚－涂装乳胶漆

设　　计：Jay is working

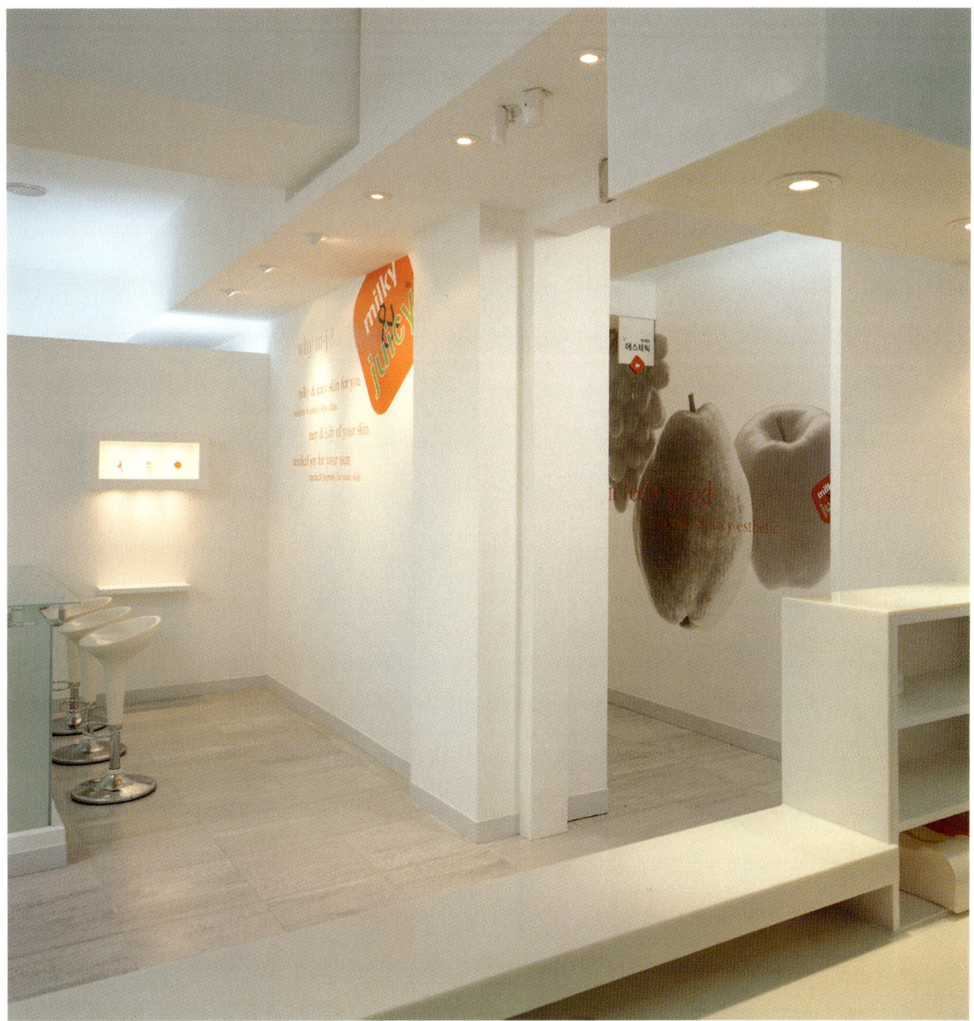

THE外科美容整形诊所

THE Plastic Sergery

Hong-Seungpyo+Yi Won-jung

Design Infur

"现时代很少有没做过整形手术的女人"刚刚接手"整形美容医院"的设计工程时，从一本杂志中读到的。包揽的施工建筑物位置距离其他楼约5m后的7楼建筑物的1楼，因此建筑物的正面外部装修是很重要的。位于整形医院较集中的清谭洞中心，计划设计成具有现代感和东方美的医院。具有东方色彩的稳定和温柔的深层含义而并不过于奢侈……

稳定情绪的基本底线体现现代摩登感。另外，部分表面材料采用具有东方气息的材料。入口正面的大理石或走廊中央的大理石上放置一个水槽更加体现东方艺术深度。诊疗室、咨询室，特别是皮肤美容室的设计非同一般皮肤美容室，为体现特殊性整体表面材料和家具，饰品都注重表面东方风格。

收集所有清谭洞一代的数据材料来提高此次工程设计和功能的水准。所以可称为THE Plastic Surgery！

位　　置：汉城市江南区清谭洞 84-7

用　　途：医院

面　　积：297m²

表面材料：地面 – 抛光地砖，地砖

墙面 – 大理石，乳胶漆，壁纸

天棚 – 乳胶漆

设计时间：2002.2.3 ~ 2002.3.5

施工时间：2002.3.9 ~ 2002.4.25

设　　计：Design Infur

本栏图片提供：设计 Infur

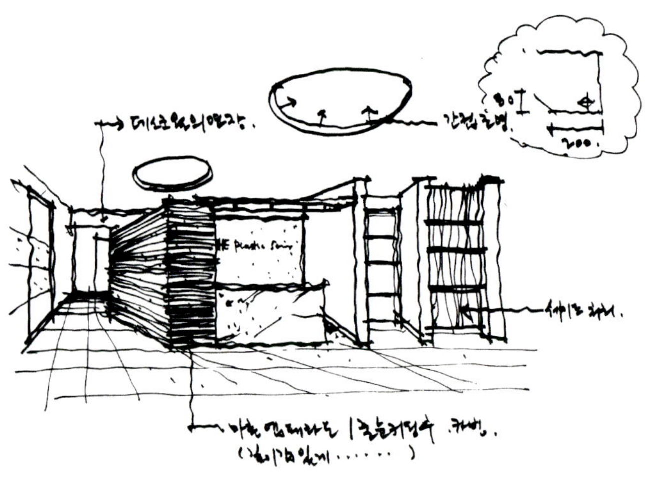

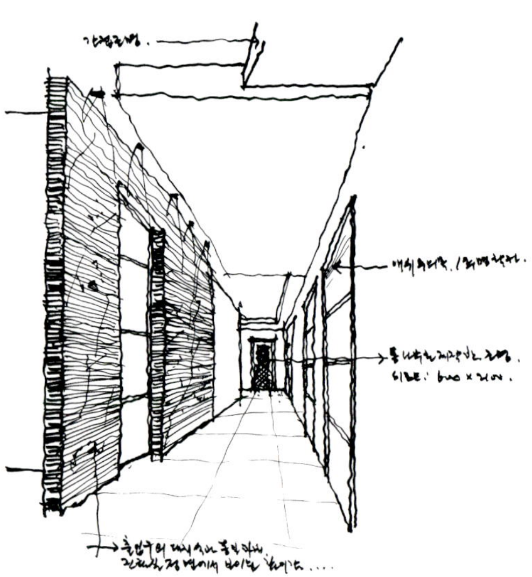

화장실-남
화장실-여
피부관리실
대수술실
중수술실
삼푸실
탈의실
소수술실
파우더
휴계실/린넨실
회복실-1
화장실
회복실-2
접수대
HALL
상담실
진료실-1
진료실-2
회의실
원장실
平面图

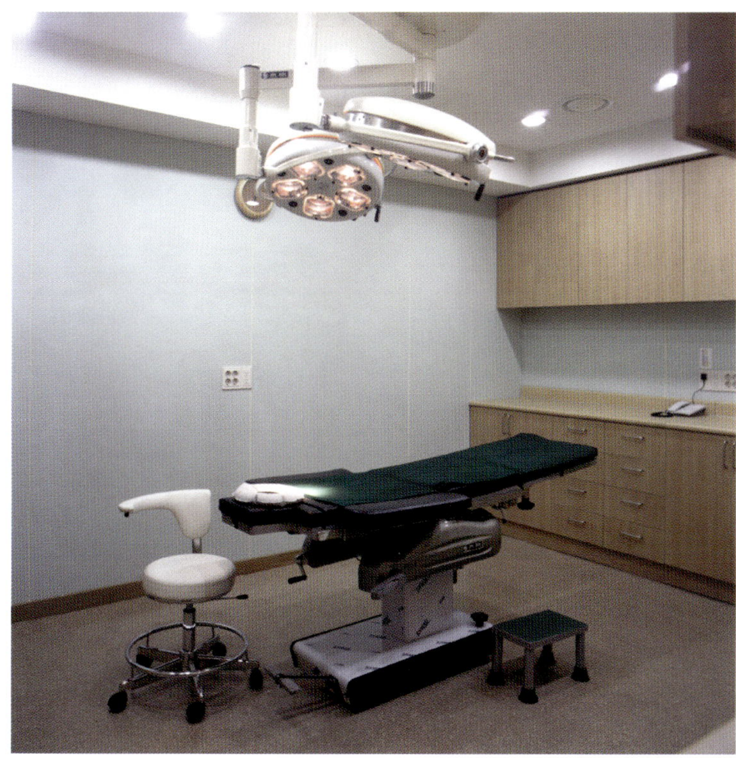

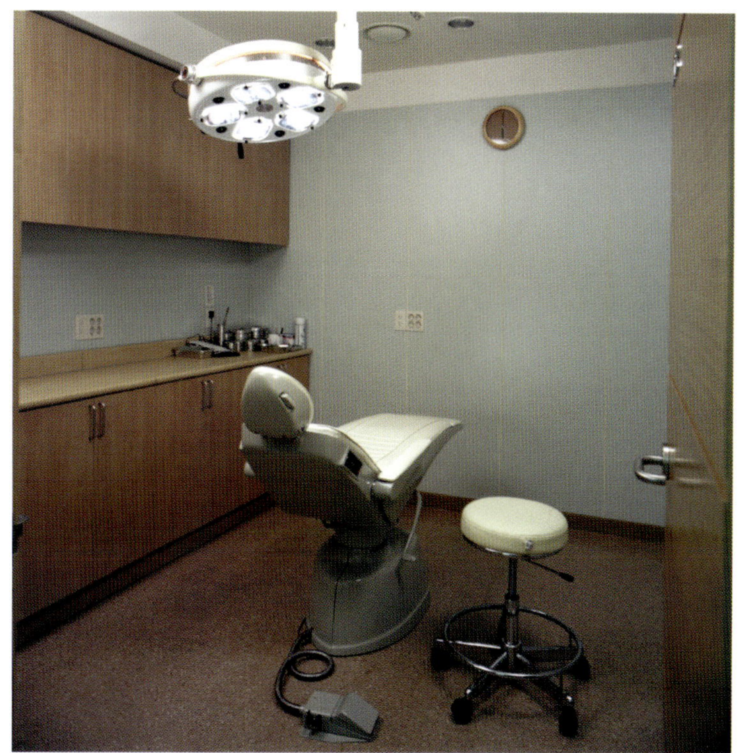

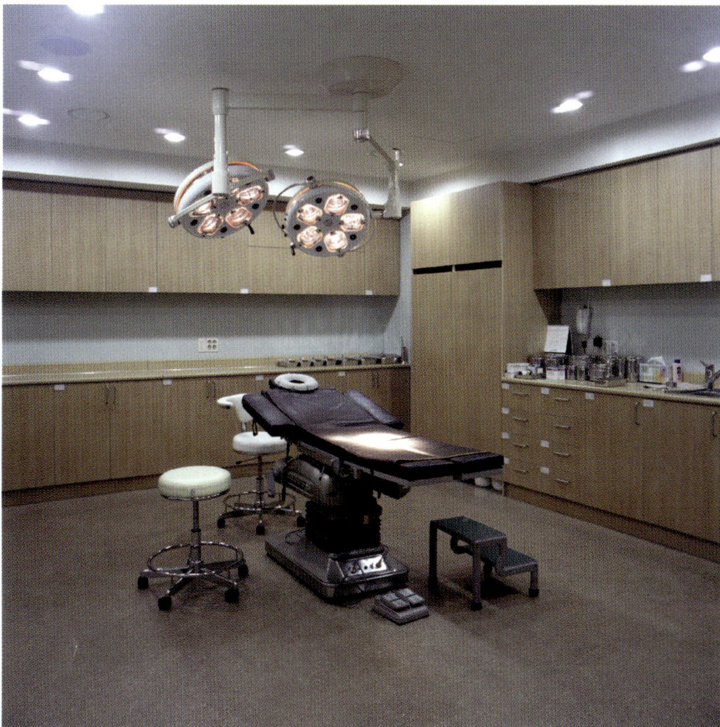

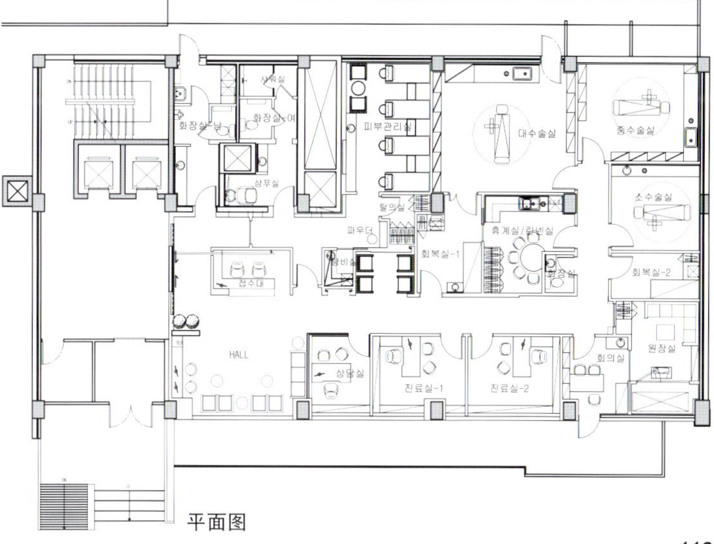

Yoon & Jeong 美容诊所

Yoon & Jeong Aesthetic Clinic

Suh Seung-ha+Lee Hey-kyung

Ansan college of Technology Dept.ofInterior Design+Kujung

此次设计方案的出发点是演绎扩张的空间形象和既单纯又紧凑的设计含义。

为了满足业主的需求设置房间和房间之间走廊，并尽量排除不必要空间。平面中央部配置较宽敞的空间强调房间之间的连接性，减少界线一眼能看到每个房间。为体现这种空间概念，各个墙面和各房间出入口都采用能表达一种语言的材料和颜色。玻璃和金属相对立整齐地排列在治疗室中央，墙壁间埋入灯光减少单调的墙壁设计要点。整形美容诊所设备以金属和玻璃设置封闭的单间。同时让人们感觉到开放空间和封闭空间，使封闭的空间表现开放、扩张的空间概念。基本色调以医院特有的白色色调为主，为区分空间使用透明玻璃和磨沙玻璃，是为缓解等待室和激光治疗室的空间局限性而特设的。主色调和主材料金属玻璃显示的冰凉感和轻浮感通过家具的材料和色彩以及各种照明光线来缓解。利用特殊人工照明体现空间的丰富性，在入口灯箱能起到这种效果且避免了，起商业空间隔墙作用。大厅又一主要的墙面，即咨询处后面墙壁以斜线处理体现被吸引入内的心理感觉。避免了手术室入口处的露出，利用无任何装饰的金属材料做处理加大医院的形象概念。位于中央的柱子勾画空间设计中最大的障碍要点，改作步行线自然墙面的作用视线。其他治疗房间的设计也充分反映了医院的功能性。

平面图

位　　置：汉城市芦原区尚桂洞

用　　途：医疗/医院

面　　积：225m²

表面材料：地面－抛光地板、地毯砖、木板

墙壁－彩色天然漆，玻璃/天棚－乳胶漆

设计时间：2001.6～2001.8

施工时间：2001.9～2001.11

设计·施工：SDA

本栏图片提供：徐承夏 摄影：郑太虎

明洞明亮世界眼科诊所

Asia laser Center

Park Heung-sik
PLUS Ins.

设计医院首先应对医院的功能特点进行充分的了解。列举出正确的治疗项目将是设计前的第一个条件。

“明洞明亮世界眼科诊所”是由几位医生进行治疗诊断的综合眼科医院。人员各自的要求不同，随之装修设计特点也不同。医院的面积较宽，为有效率地划分界线，主走廊分为两个部分，中央设置椭圆形诊疗室，随之形成的圆形走廊缩小活动界线，通过条纹图案玻璃隔断确保视觉开放性和空间领域感。沿着走廊界线在诊疗室和天棚设置间接照明照射。从出入口连接的长走廊两侧入口处咨询台强调视觉效果，也强调地面和墙壁的图纹线性要点。位于中央的椭圆形诊疗室从内部相互打通，同时激活造型的形态。经过彻底调查，各部门（医生，护士，职员，咨询员，眼科检查员）根据不同时间的活动半径决定整体设计流线。

尽可能控制形态变化，随曲线划分的非功能空间无秩序的摆设玻璃框架和支撑检验工具的不锈钢和管件。这种表现在地面上将地砖和油漆玻璃相混合使用中也能体现。整体曲线中感觉的流动感与柔软性被条纹图案进一步强调，不锈钢钢管装饰以及地面地砖图案分解和反复不规则使用，同时体现整体空间的紧张感和自由感。

位　　置：汉城市中区忠武路1街24-1明洞米力奥力11楼

用　　途：医疗／医院

面　　积：1,454m²

表面材料：地面－天然漆玻璃，地砖，木板
天棚－乳胶漆，玻璃，天然漆玻璃
天棚－乳胶漆

设计时间：2001.12.1 ~ 2001.12.31

施工时间：2002.1.1 ~ 2002.1.31

设计・施工：PLUS Inc

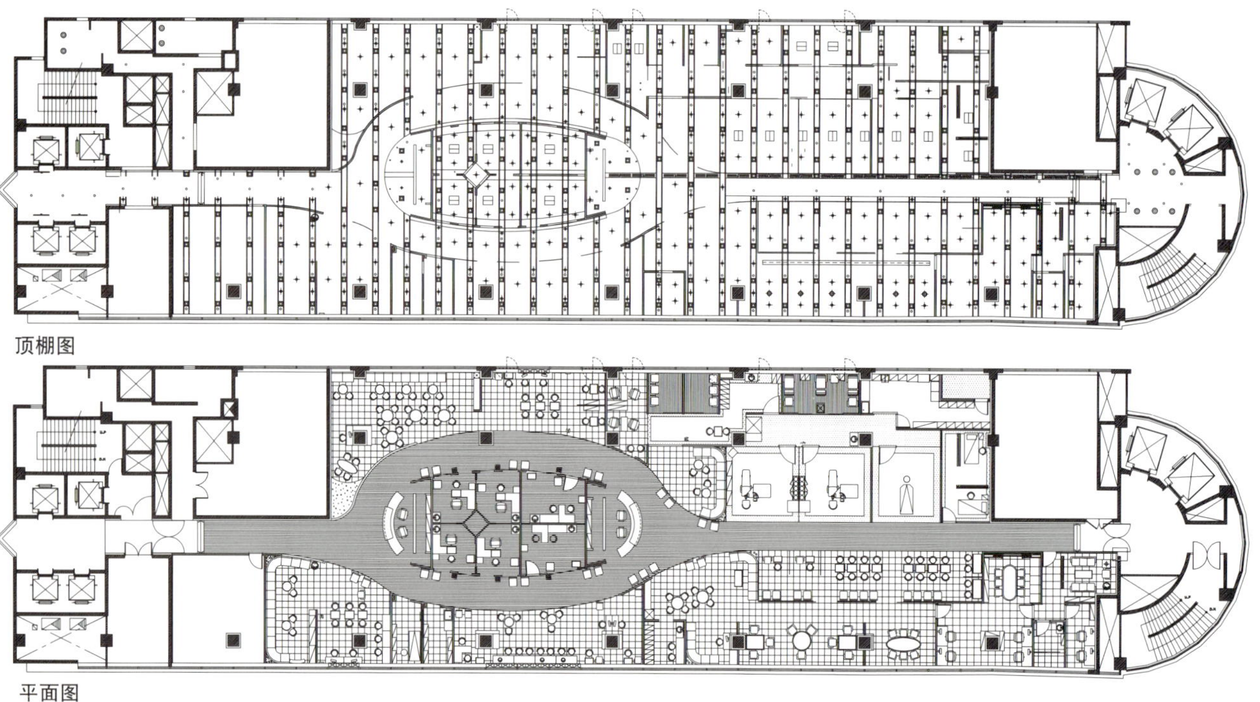

顶棚图

平面图

ALC 激光治疗中心

Asia Laser Center

PLUS lns.

位　　置：汉城市瑞草区瑞草洞 1318-5 企业银行 9/10 楼

用　　途：医疗 / 医院

面　　积：347m²

表面材料：地面 - 大理石地砖

天棚 - 乳胶漆，天然漆玻璃，指定木材木板

天棚 - 乳胶漆

设计时间：2001.12.1 ~ 2001.12.15

施工时间：2001.12.15 ~ 2002.1.15

设计·施工：PLUS Inc.

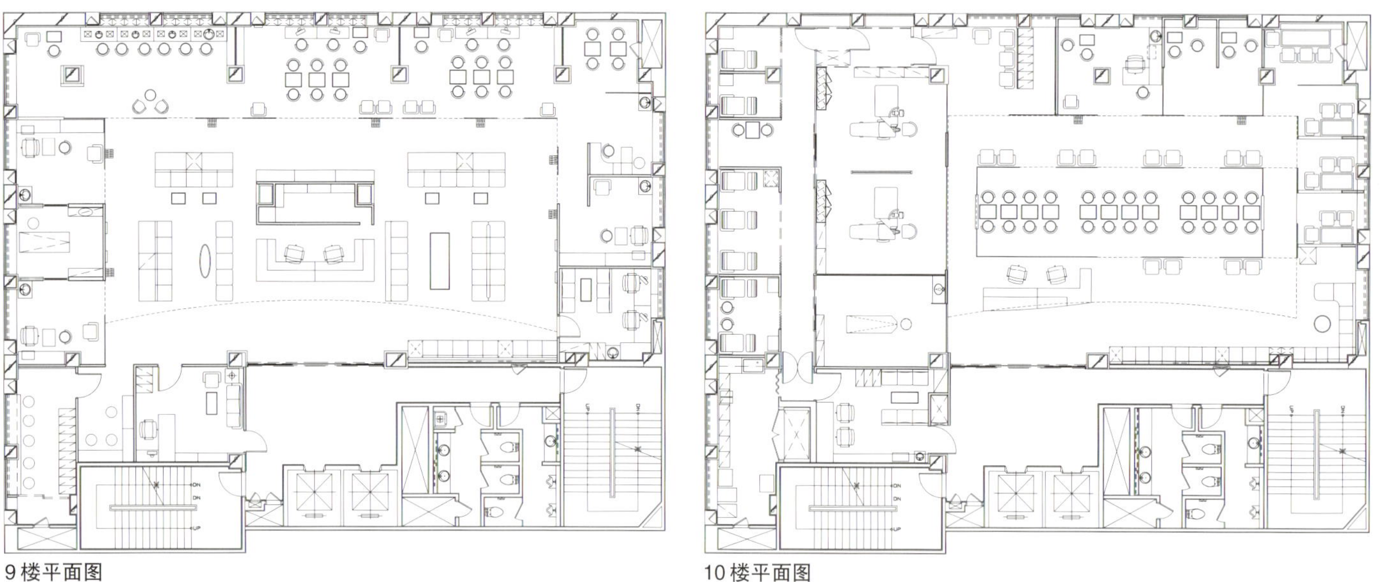

9楼平面图

10楼平面图

ALC

ALC

VIE 诊所

Clinic VIE

Hong-Seungpyo+Yi Won-jung

Design lnfur

需要快速做出反应时代，抑郁患者不断在增加。

清谭洞聚集世界品牌，到处是一流餐厅。特殊顾客较多的这里位于高档商品建筑物的4楼的诊所里的患者与其他地区的患者有所不同。用柔和高档的设计来武装显得既现代又摩登。随清谭洞悄悄刮起的潮流，形态被有秩序进行地整理，家具表面利用灯光设备体现最佳气氛。

印度尼西亚原产地制作的饰品和配予相协调的材料进行表面工程处理让此地的环境犹如在国外的感觉。

位　　置：汉城市江南区清谭洞 100–4

用　　途：医院

面　　积：198m²

表面材料：地面 – 大理石，地毯砖

墙壁 – 乳胶漆，壁纸

天棚 – 乳胶漆

施工时间：2002.5.1 ~ 2002.6.18

设　　计：Design lnfur

本栏图片提供：Design Infur

V.I.P RELEX-RM.
지정 카펫타일
RELEX-RM.1
지정 카펫타일
RELEX-RM.2
지정 카펫타일
비만 측정실
지정 카펫타일
SPA-AREA.
지정 크리마마블 마감.
휴게및 파우더실
지정 크리마마블 마감.
APP' DISP' SHELF
지정 크리마마블 마감
상담실
탈의실
지정 크리마마블 마감.
화장실
탕비실
샤워실
진료실 - 2
지정 카펫타일
P.C
APP' IMAGE WALL
INFOR.
접수대 : 현장제작
APP' IMAGE WALL
여자 화장실
추후 협의후 계획안 제출
진료실 - 1
지정 카펫타일
대기실
지정 크리마마블 마감.
남자 화장실
추후 협의후 계획안 제출

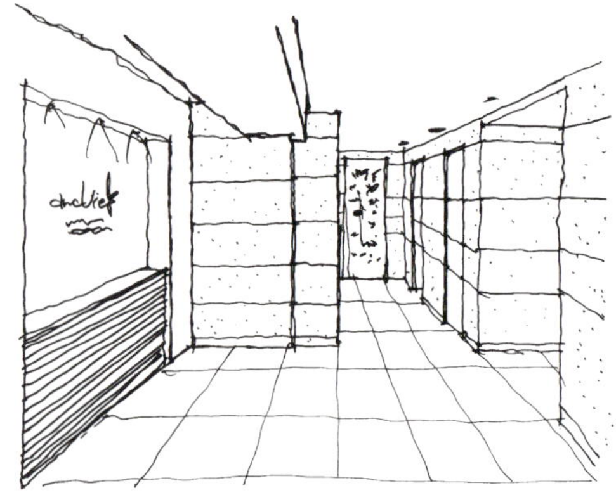

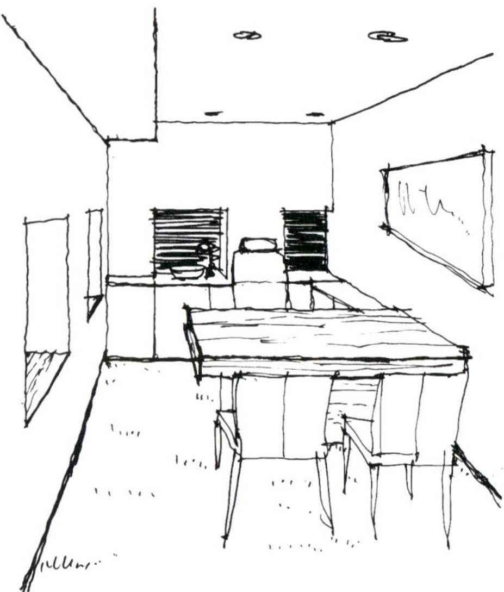

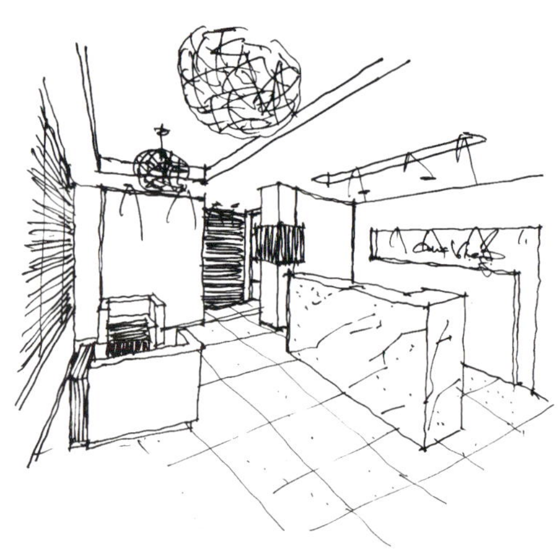

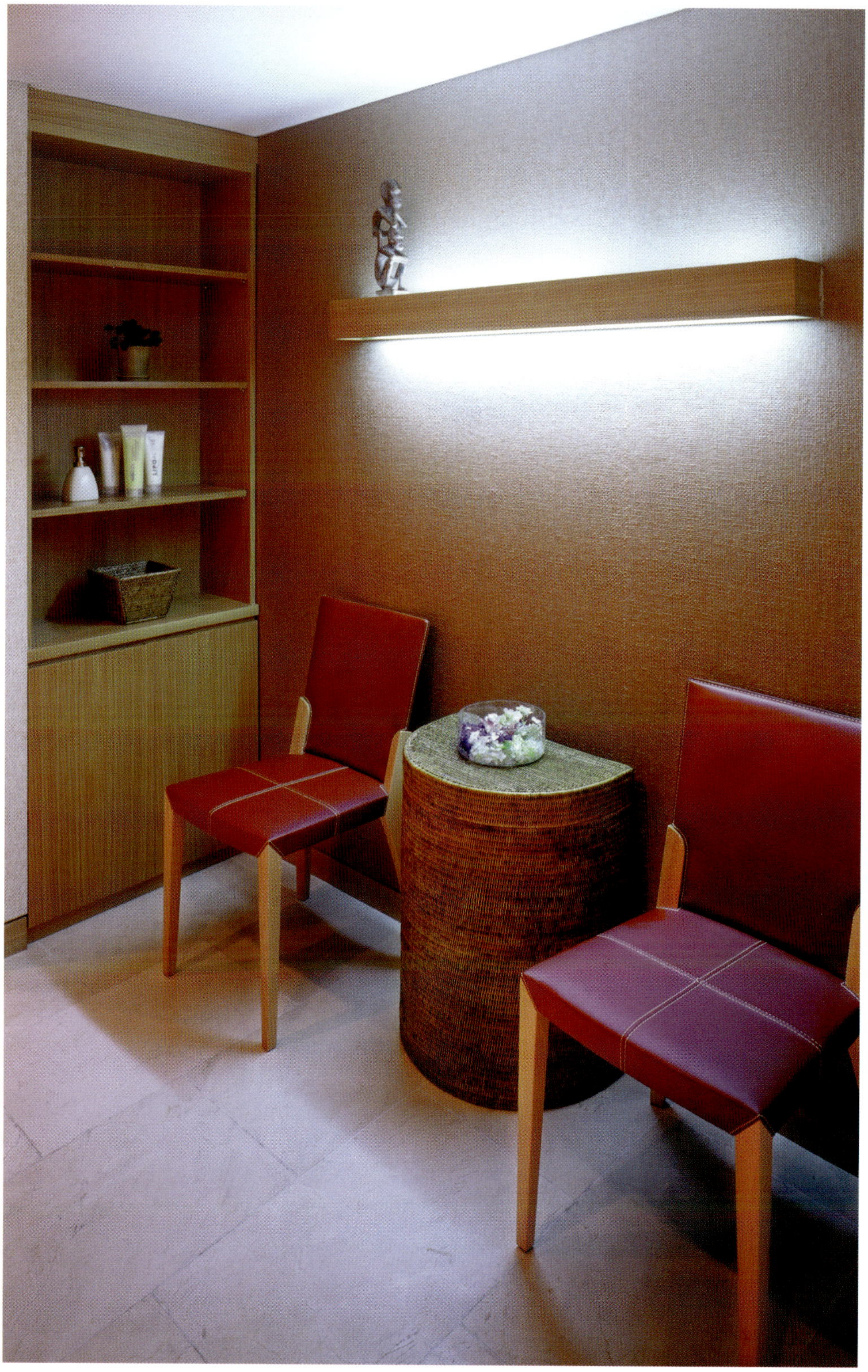

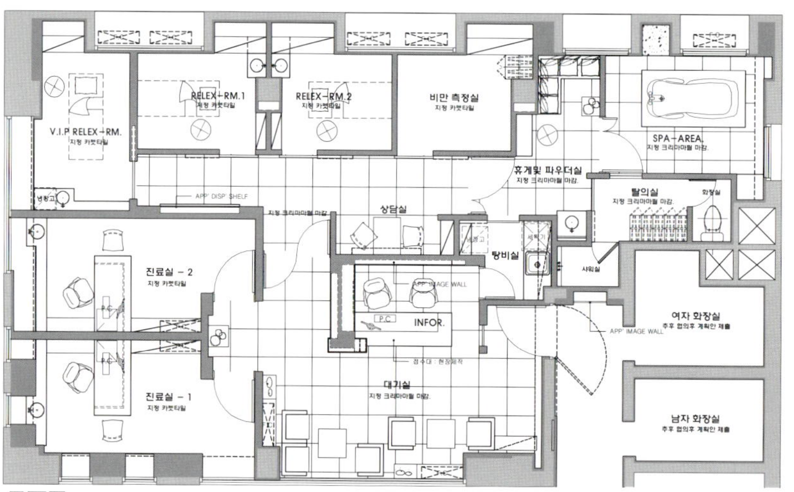

平面图

Anti-stress / Anti-obesity

KIM BYUNG KOOK E.N.T.诊所

Kim Byung Kook E.N.T.Clinic

Jang Soon-gak

Jay is working co., ltd.

位　　置：大田市西区敦山2洞1179

用　　途：医疗/医院

面　　积：106m²

表面材料：地面

墙壁－无光漆

天棚－乳胶漆

设计时间：2002.2.20～2002.4.1

施工时间：2002.4.6～2002.5.11

设计・监督：Jay is working co., ltd.

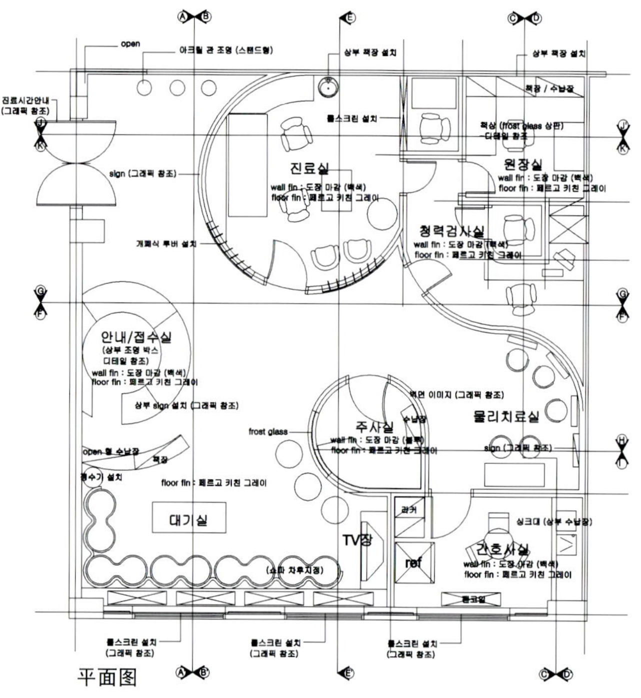

平面图

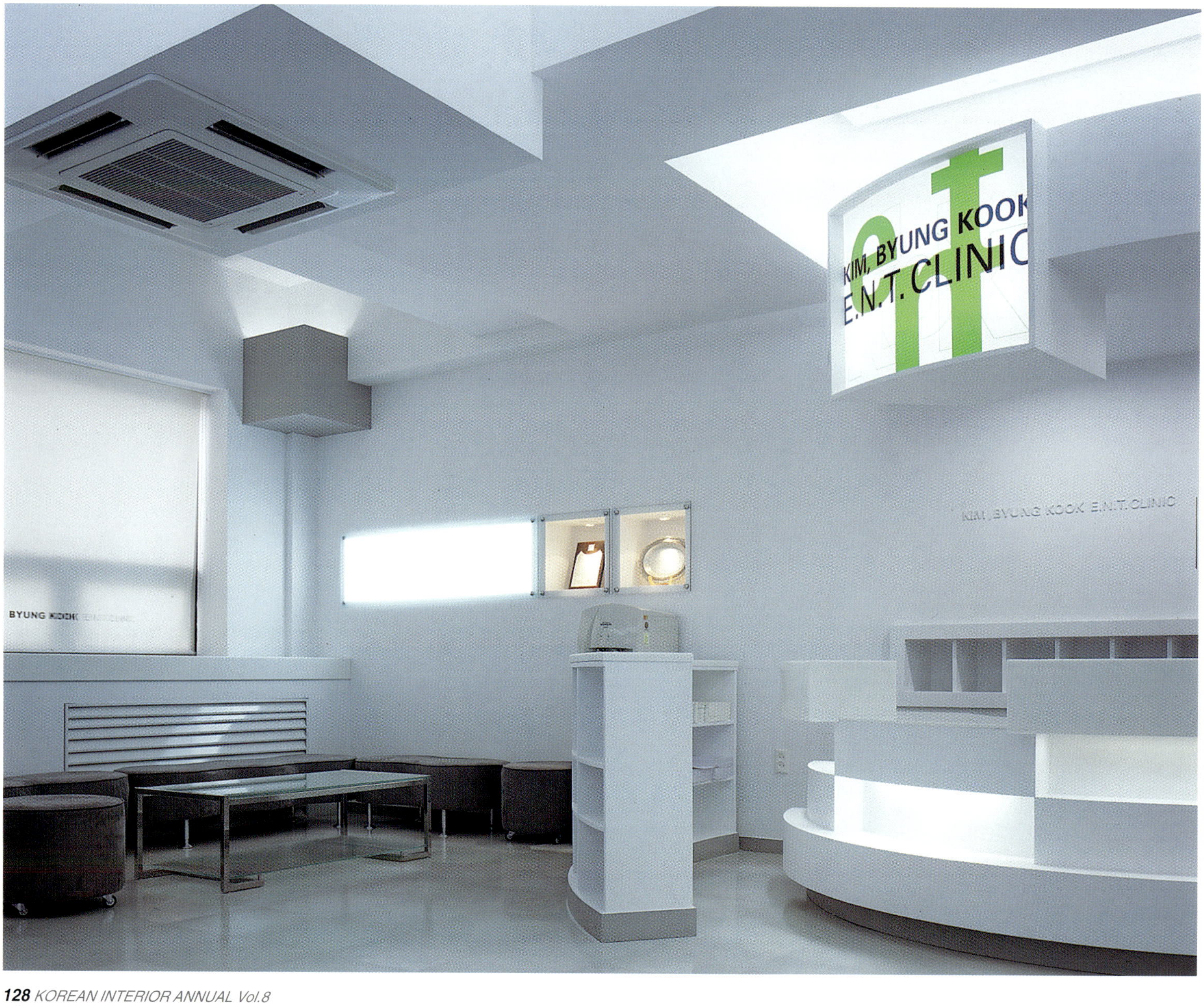

本栏图片提供：（株）jay is working 摄影：朴完顺

PFATLMA 整形外科诊所

PFATIMA Orthopedic Surgery

Jang Soon-gak
Jay is working co., ltd.

本栏图片提供：（株）jay is working 摄影：朴完顺

专为整形外科医院设计的此建筑物1楼等待室有一些敞开的部分，因此室内设计将激活空间感应。从等待室观望到与内部连接的花园的季节变化。利用空间感觉处理的面和审美处理及体现一棵树的重要性的塑质背景设计是此次设计的核心部分。空间是非常有限的，尽管在有限的室内表现怎样巨大空间，如果没有比较的演绎空间很容易失去它的意义。有了黑暗才能体现光明的价值，空间也是有了压抑的感觉或是诱导的视觉扩张才能给予感动。为此主出入口右侧上端压低高度引导医院的入口方向，2 100mm高度的入口箱在今后要展开的6 000mm空间装置引起丰富的感动。

等待室里所看见的首先是自然其次为拍片室上部灌入的体积物构成的开放平面为主。体积物的交叉使建筑物尾部到蓝色墙面逐渐扩张。所以每个空间都用作护士中心。重体积吊挂在空中，走进便抬头时深陷的体积物重叠与树脂照明箱一起展开。2楼共用走廊垂直吊挂的乳白色面与护士中心上部体积物稍未连接，向平面扩张的视线转换为Z型轴。因此，天棚面也引导视线体会整体建筑空间。所有都是由装修的面与体积物相组合而成。它们之间被设置的各种光更显它的直线性，这种样式的设计计划是从流入到内部的树木自然价值为背景制作的。

“体积物和面所固有的力量能设计各种空间，因它的抽象价值持续时间无限延长。”

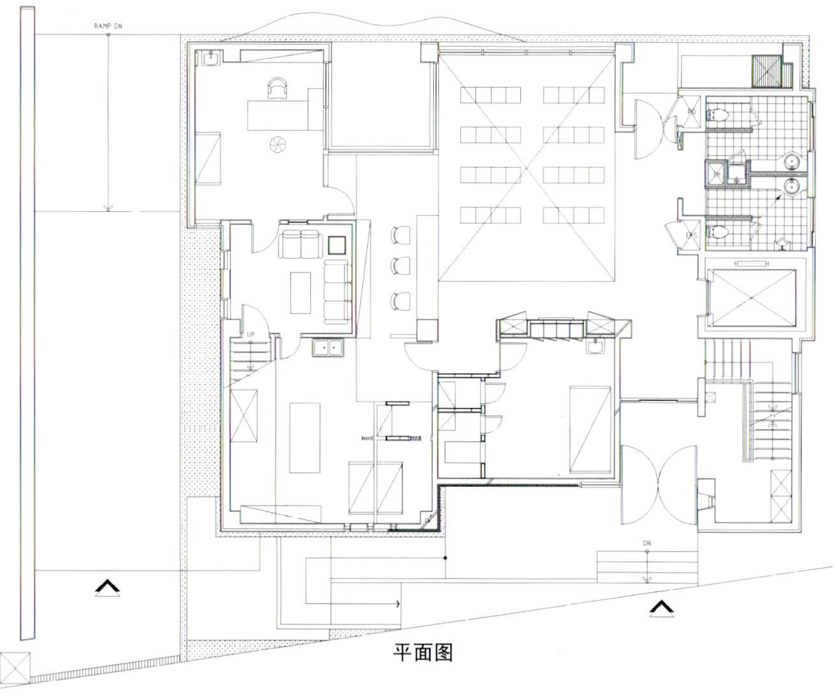
平面图

位　　置：大田市西区格玛洞 1451

用　　途：医院

面　　积：171.5m²

表面材料：墙壁－无光漆，荧光漆

地面－钢化地面，地砖

天棚－人造革垫，树质，无光漆，乳胶漆

设计时间：2001.12.20～2002.3.10

施工时间：2002.3.17～2002.5.15

设计·监督：Jay is working co., ltd

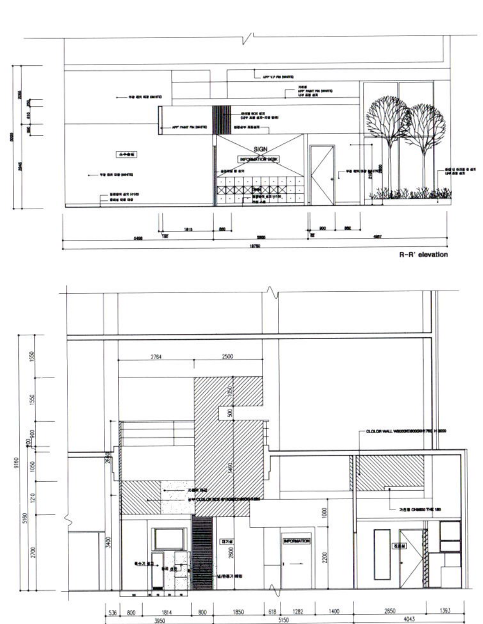

内部立面图

Haemosu Hanmedical 诊所

Haemosu Hanmedical Clinic

Park Young-ho

Bucheon College linterior Architecture

位　　置：仁川市富平市十定洞 355-2

地区・区域：一般居住区

用　　途：附近地区生活设施

占地面积：144.6m²

建筑面积：86.83m²

延 面 积：313.86m²

规　　模：地上3楼，地下1层

内部材料：地面－抛光地板,玉石

墙壁－石膏板乳胶漆，玉石，中药材

天棚－石膏板乳胶漆

与天线一起的表面

破旧的街道风景里有一幢漂亮的建筑物有何意义?从逐疑问开始了我的工程。各种不同的门牌和窗户以及如同蜘蛛网的电线想到了负重感。与其将褪色的简陋的建筑物重新装修不如撑握它内在的秩序并制作新的秩序。

设计作业是利用非主题建筑物无窗的单纯墙面寻求与周边混乱的环境相交的单纯美。

正因为它是空的。才强调它的价值一样，无秩序的生活形态通过空白墙面来表现。从立面上将不必要的部分大胆地进行省略，采用将内部空间组织简单、明了的既单纯又简单的设计语言。

尽可能少利用墙面设计空间

楼层面积相对整体面积狭小，因此各功能的水平、垂直连接和设计有效的界线用了较多的时间。整体空间策划是在原有的建筑物的平面布置基础上尽可能利用墙面选择单纯的结构，通过此过程来提高效率。项目构成以诊疗功能和物理治疗功能为主，以水平、垂直区分接待室控制诊疗患者和物理治疗患者。因此狭小的空间中减少不必要的界线，尽可能在大空间进行业务。易于接近的1楼诊疗室和接待室之间设置院长室，以此为中心使用半圆形分离功能自然的连接界线。另外，原封闭的楼梯改为开放型楼梯提高视觉效果强化与2楼3楼的物理治疗功能室的垂直流线。

构成光点，线，面

考虑中医院看病时需卧床看病的特点和患者对诊疗的逆反心理和不安心理因素，在照明设计时尽量避免选择直接照明而选择间接照明营造淡雅的氛围。寻求不同于其他医院的天棚结构作为把天棚设计主要装饰物来代替。在白色空间里间接照明是强调空间领域和连续性。主要功能和其他空间明确指出的部分与其利用门或墙壁不如利用天棚高度差距的间接照明面积制定空间之间的领域。另外，透过墙壁和天棚流出的间接照明流线强调空间之间的连续性并从极其紧凑的气氛中脱离。单纯的墙壁中装饰无意义的装饰物不如利用间接照明点式图案构成富有节奏感的墙壁。

本栏图片提供：朴永浩　摄影：蔡河王

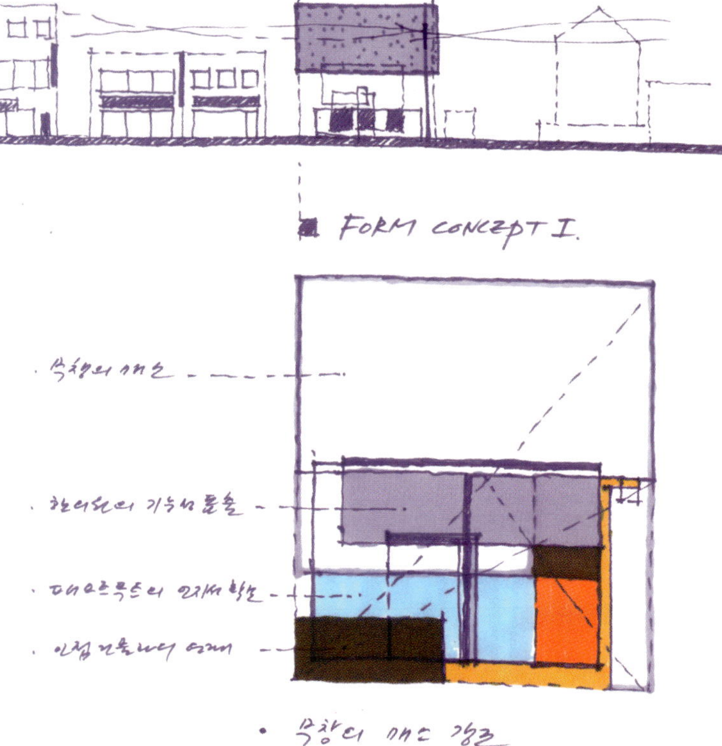

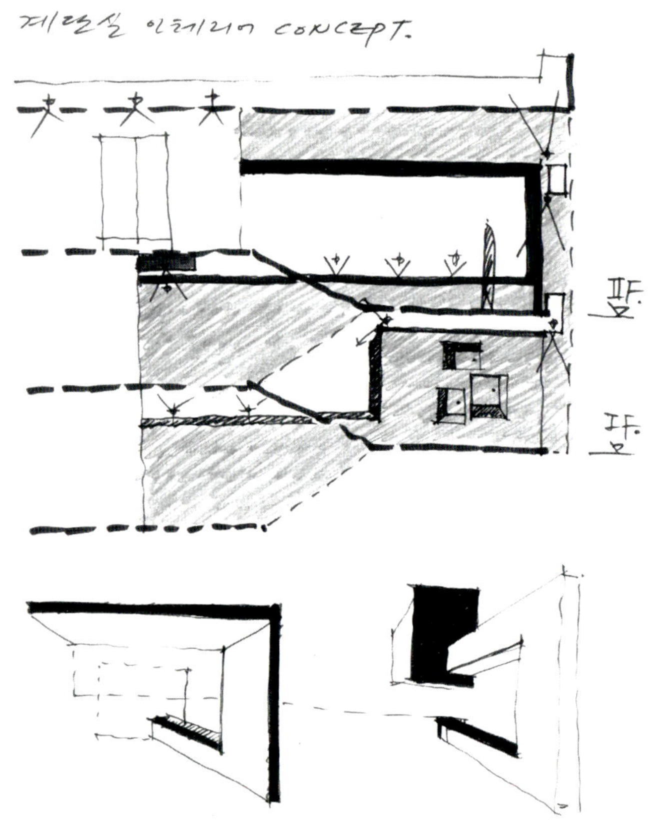

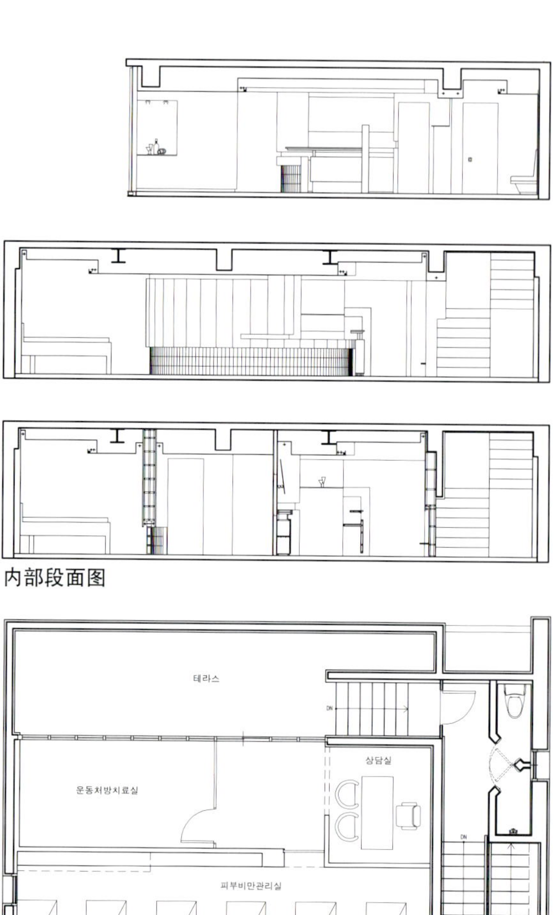

内部段面图

3楼平面图

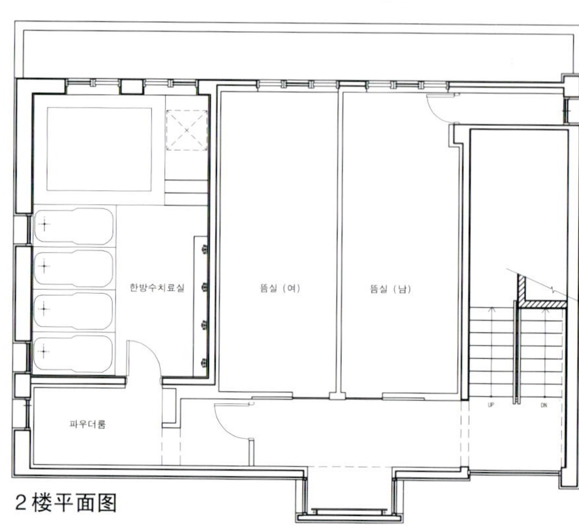

2楼平面图

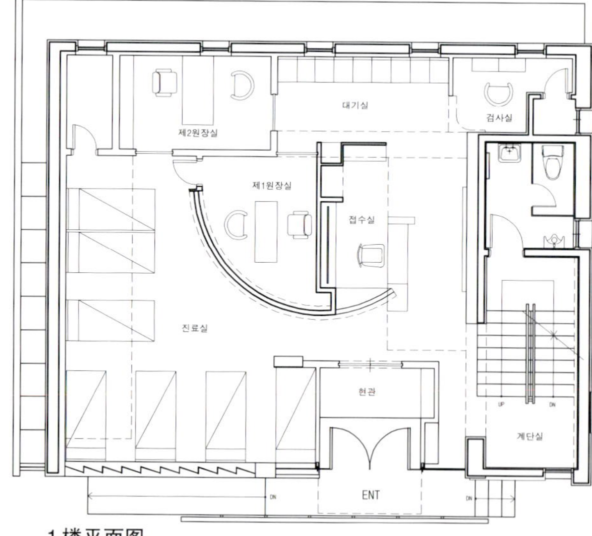

1楼平面图

L字形状的天棚效果

L字形状的天棚同时有阳台功能。没有窗户的封闭概念反而起到内外空间的相互连接的装饰物作用。曲线收尾的不锈钢外墙以相同的材质形成主要出入口内部的天棚，并重新变换成室内乳胶漆涂的L字形状，它的属性转换连接半圆形的空间。另外，L字形状转为ㄱ字形状，适当切断视觉的连续，强调接待室的空间策划的要点。楼梯间也有楼梯的天棚到楼梯墙面形成ㄱ连接强调垂直空间连续性。不易利用天棚和墙壁的间接照明部分现场制作L字形状的灯光塑造室内空间的视觉折射效果和统一其形象。

楼梯并非垂直界线的专用物

如同楼梯的垂直界线系统能给单纯概念的建筑物赋予灵活性，因此起到构成内部和外部的中间空间要点的作用，也用于强调连接视觉的障碍物。使用线形成分较强的设计语言引荐在内外部空间的动态变化。在空间狭小的此建筑物的设计为巧妙解决利用者的等待心理和生理现象的场所。

吊挂中药材

中医院诊疗中有灸法治疗室。此灸法治疗室中驱除异味和抗菌作用很重要。此建筑物也设有自动换气系统，但根本消除不了异味。细小的缝隙中已渗入了异味，长满微生物分解腐蚀菌，因此采用驱除异味的中药材作为墙面和表面的材料。

想设计为无招牌的建筑物，希望建筑物本身能成为招牌。使空白建筑物与周围进行对话。至少想利用最少的墙面夹布置空间。我的这种想法是与一般通俗概念的挑战。

Zion Poly 诊所

Zion Poly-clonic

Jang Soon-gak

jay is working co., ltd

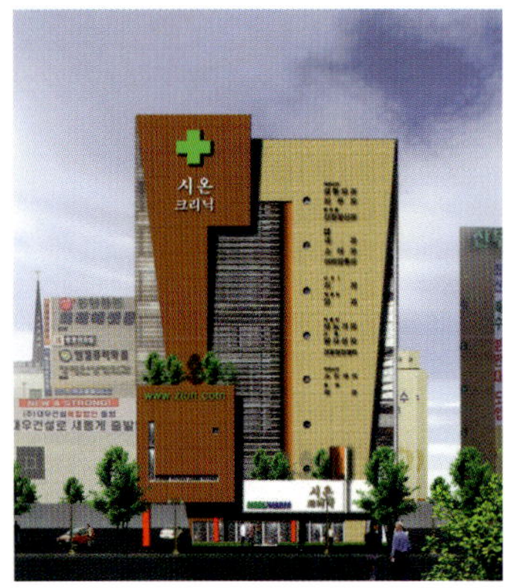

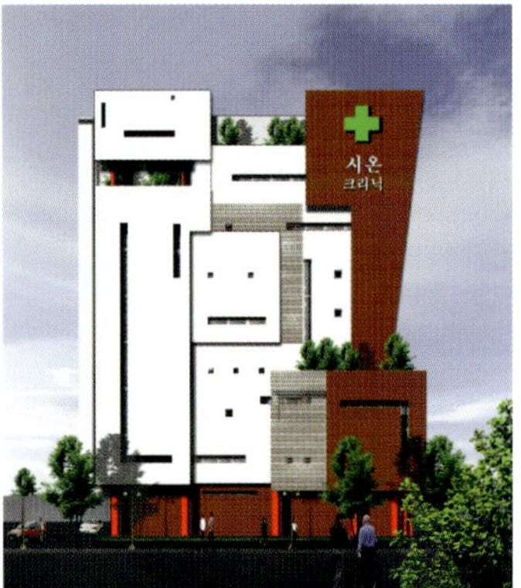

平面图

这里曾是大田最大商业网点，在5年前开始市医院的成立现在成为医院聚集的地方。因此利用建筑物自主组建能医院是此次设计的出发点。

研讨法规后，将我们能拥有的所有区域进行箱式化，在路边某点为试点逐渐去除区域块，之后产生的是垂直倾斜的一个块。这种去除作业形成侧面的阳台和后面板面，因此牢固的面和板面的对比是组成整个建筑物造型要点的中心。

位　　置：大田市西区敦山洞1126
用　　途：附近生活设施
占地面积：1 097m²
建筑面积：598.59m²
延 面 积：4 975.85m²
设　　计：Jay is working co.，ltd

本栏图片提供：（株）joy is working

I N

KOREAN
TERIOR
ANNUAL

办公设施

YANG YOO 传媒

YANG YOO MEDIA

Kim Chai–Chun
IDO Architecture Inc.

位　　置：汉城市西草区方背 3 洞 478–75
用　　途：办公室
面　　积：181.1m²
表面材料：地面 – 抛光地砖，地毯
墙壁 – 油漆，帆布，真丝壁纸
天棚 – 真丝壁纸，纤维性，油漆
设计时间：2002.4.15 ~ 2002.4.30
施工时间：2002.5.1 ~ 2002.5.30
设计·施工：IDO Architecture Inc.

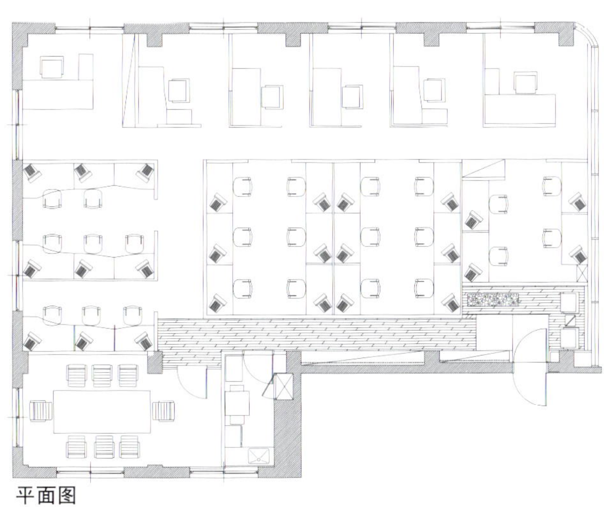

平面图

本栏图片提供：IDO建筑 摄影：朴永蔡

视频设计
VOID planning

Kang Shin-jae+Choi Hee-young
VOID planning

本栏图片提供：VOID planning 摄影：闵正植

位　　　置：汉城江南区清谭洞 105-5

面　　　积：1 楼 165m²，2 楼 165m²

表 面 材 料：1 楼 地面－白色灰泥聚氨脂涂装
墙壁－灰泥真丝帘、红色纤维材料、镜子
天棚－香油灯
2 楼 地面－白色抛光地砖
墙壁·天棚－壁纸、镜子、彩色玻璃、织物

设 计 · 施 工：VOID planning

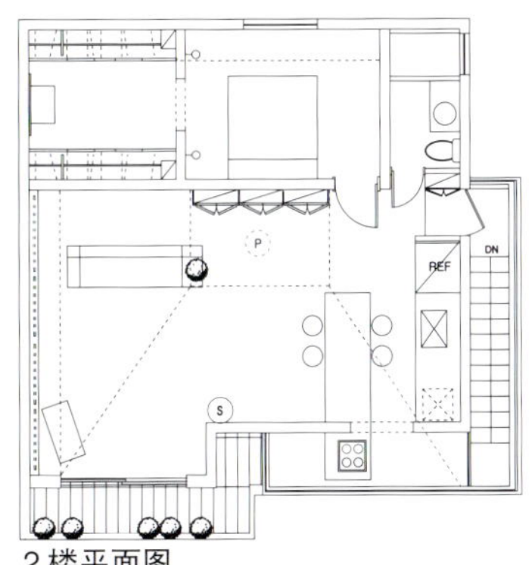

2楼平面图

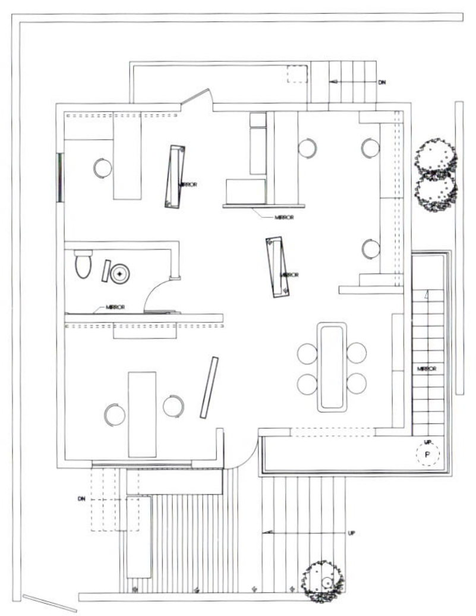

1楼平面图

TG三宝电脑

TG

Baek Jeanne
JIN DESIGN co., ltd.

随时间、地点、每个人的个性发生有机的变化从而寻求新的爱好和变换的生活中发生快乐的故事,理想进入现实生活……

尖端技术时代构成所有数码世界的象征性的TG Dream Code为基础，从原有的三宝电脑形象中脱离,设计出进一步体现具有创新的空间计划。以逆动的黑色和轻快的银色色调为基本组合,楼层设计比墙面设计更加富有专业化，体现高档化TG国际标准企业的形象。

办公室设计的核心是企业所追求的，也是将战略主题的抽象性作为形象化体现到空间的构成。

1980年成立以来以挑战和冒险精神成为世界级信息通讯专业企业的三宝电脑,在迎接2002年时提出了新精神的战略下追求高档品牌形象。强调新生活力和高级形象的主题

的梦想带入新办公空间。专业性和充满自信的信念的黑色是代表信赖，引导未来高科技技术力量的银色代表尖端，以感性和进取行动表现的彩色为柔和性，将重新诞生的三宝新主题生动地在室内空间中体现。

2楼主要接待室区域将原有的隔断更改为顾客能够进入，能够看到，能够体验的空间。会客厅利用反复使用透明玻璃和有生动感的色彩墙体现新TG的感性理念和进取方向，与高科技体现现代感。电梯和大厅开始连接的主要标牌的天花板面使用轻便冷感的不锈钢，利用温和间接照明将光线射向世界，成为世界的中心。使用大理石装饰赋予TG高档形象。容易产生逆反感的主要通道使用玻璃素材最大限度活用空间，TG的全球理想化基本组合为底给予力量和威严的黑色中加入木质材料赋予自然美。使用影响未来的银色与不锈钢和透明玻璃材料，更加体现出多样化的流动性空间。房间内部为个人私生活增加趣味性。多而不杂，少而不缺，通过恰当的表现体现超前数码新时代的TG空间。

位　　置：汉城市江南区驿三洞719－1NALAI大厦

设计范围：2，3，10，12，13，14，15，16楼

用　　途：业务/一般

面　　积：4 490m²

表面材料：地面－地毯地砖、木板、P地砖
墙壁－彩色天然漆、壁纸、透明玻璃、玻璃、织物、大理石
天棚－乳胶漆、不锈钢
窗户－木质胶合板、木板、钢化玻璃

设计时间：2002.2.20～2002.3.14

施工时间：2002.3.15～2002.4.28

设计·施工·监理：JIN DESIGN co., ltd.

本栏图片提供：（株）JIN设计 摄影：郑太虎

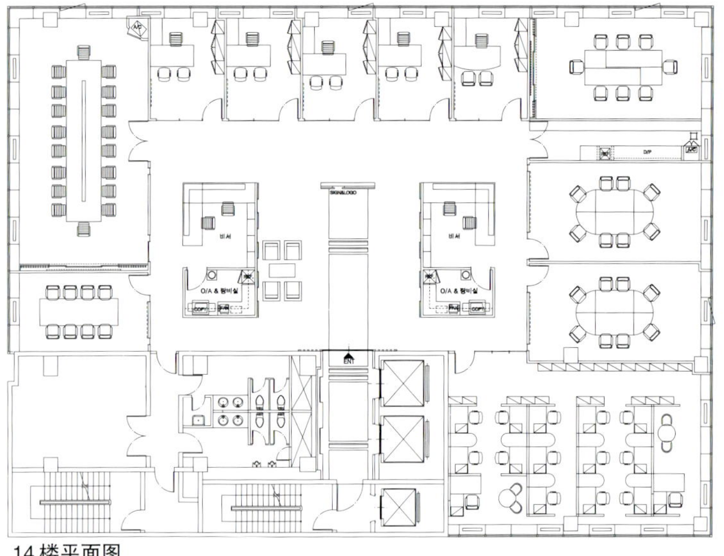

14 楼平面图

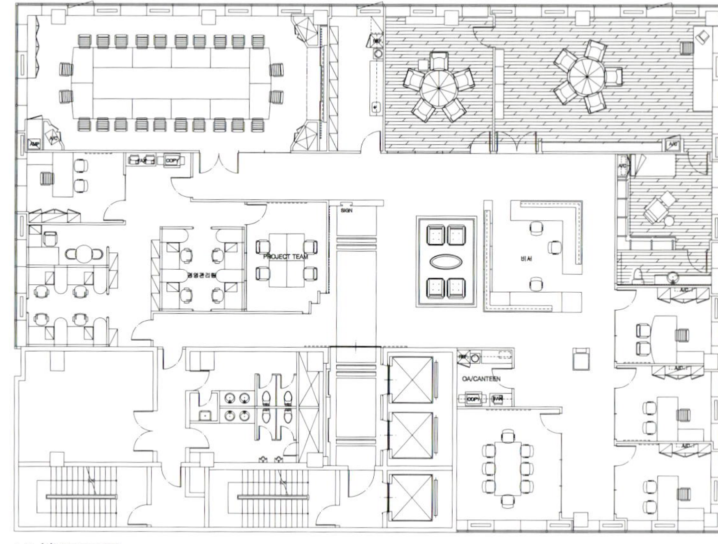

16 楼平面图

TG
TG

TG

Samsung 研究与发展中心

Samsung Research & Development Center

Samoo Architects & Engineers

第一，初期业主要求事项

・摆脱原研究所的业务设施，创造具有奶酪味的设计。

・最少的施工费做出最大效果的设计。

第二，无数的广告计划书，效果图，素描，图面，E-mail，数不清的会议……

第三，从业主方得到信任

・设计范围以外的事情(室内造景，签名，图表等)的咨询。

第四，设计主题

・张力和扩张。

・寻求从各自不同的空间中同一为基本的特点。

・成为各空间主题的主壁和副壁，空间里的空间。

第五，进行非第二层次来源彩色主题的三维立体色彩系统。

・彩色色调计划按划分楼层设计。

第六，新试点

・墙面超市图－自然和人类。

结果：业主和研究中心成员－满足率 110%，设计－满足率 85%。

位　　置：京畿道水原市八达区美丹3洞419

用　　途：研究设施

面　　积：11356m²

表面材料：地面－铺天石，固型石，地毯，水磨石

墙壁－石材，纹木，聚碳酸酯，织物，水性油漆

天棚－凿孔金属，纤维板，水性油漆

设计时间：2000.1 ~ 2001.8

施工时间：2000.5 ~ 2001.12

设计・监理：Samoo Architects & Engineers

本栏图片提供：Samoo 设计

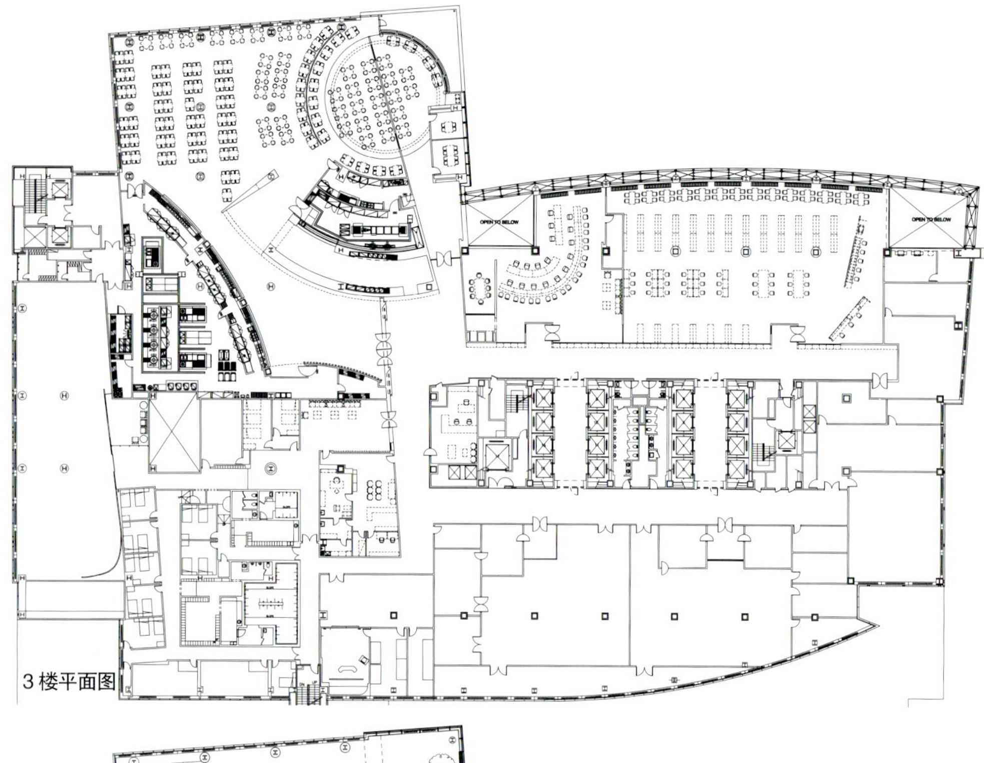
3楼平面图

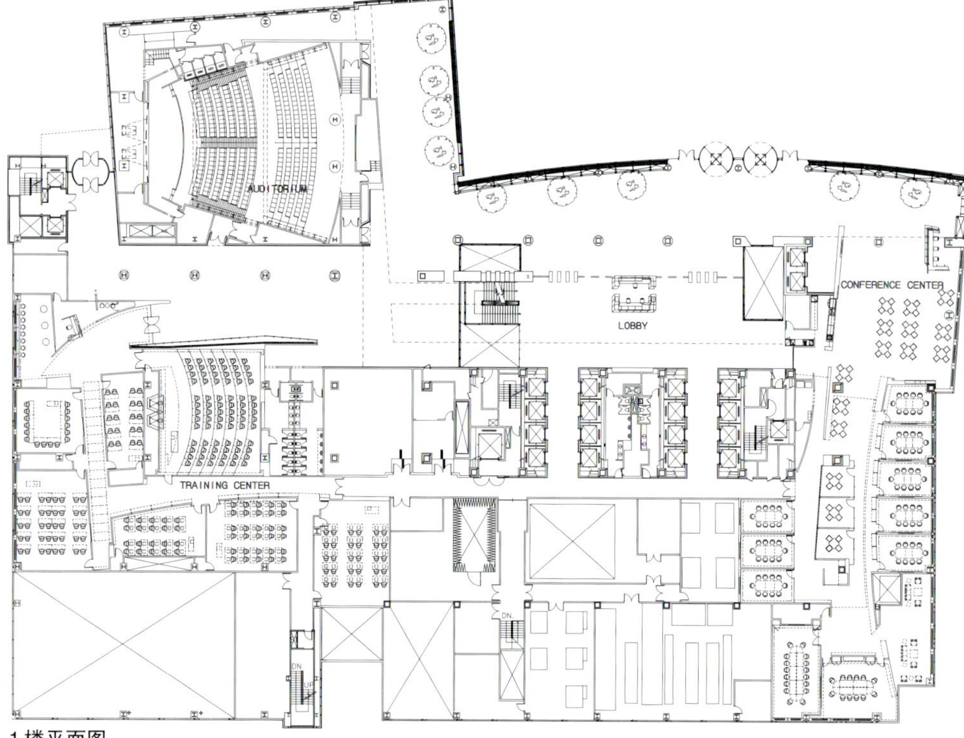

1楼平面图

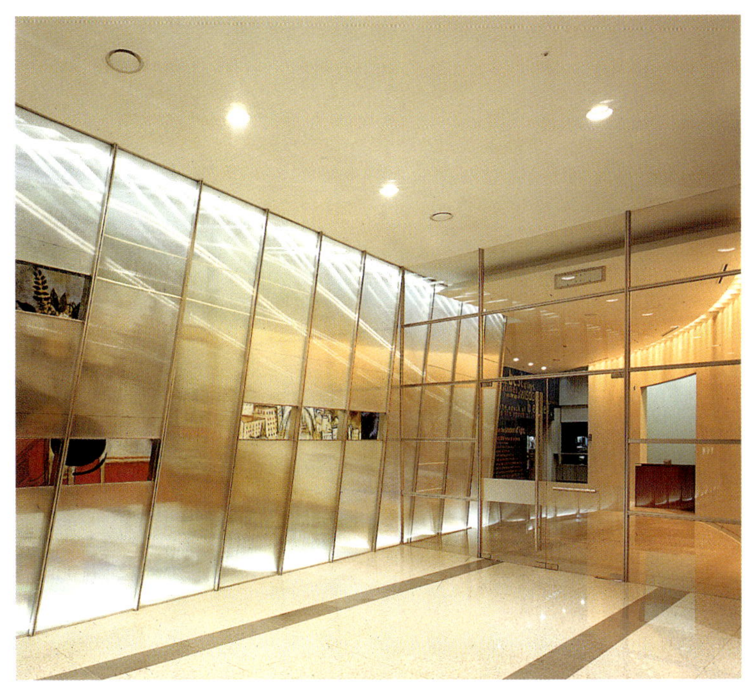

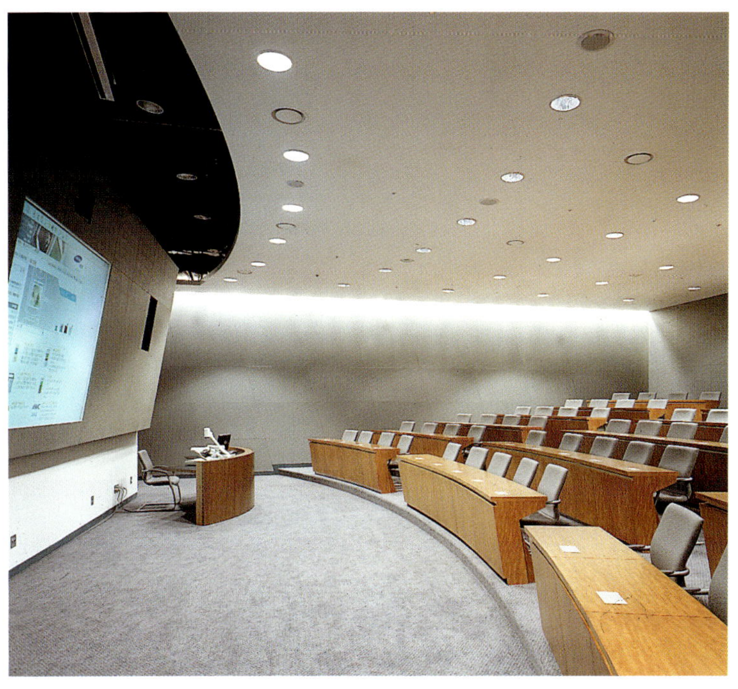

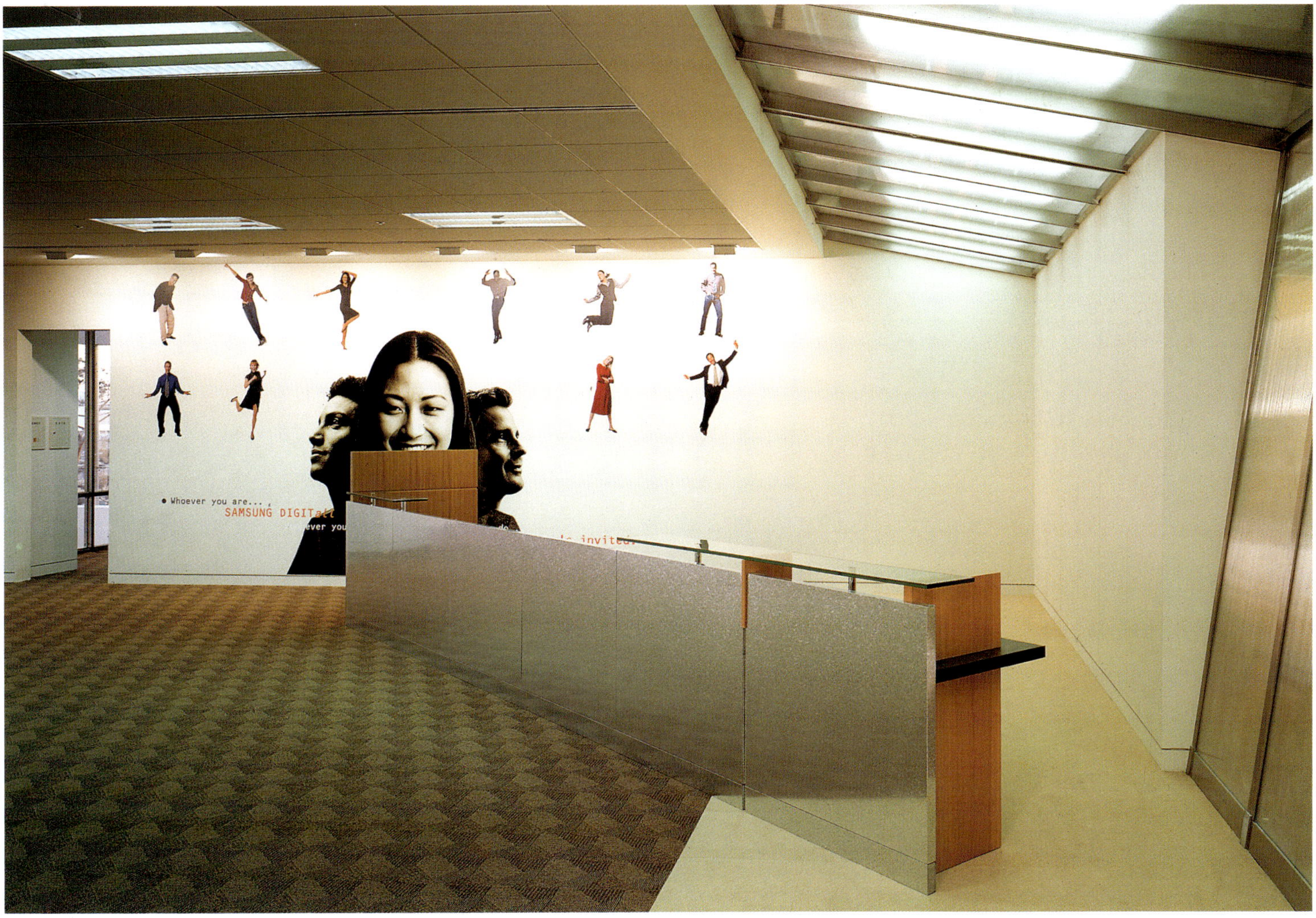

• Whoever you are...
SAMSUNG DIGITall
invited.

Avaya 韩国

Avaya Korea

Poongjin I.D co., ltd.

搬到“明星大夏”12楼的“Avaya 韩国”的装修主题是“动人”和“灵活”，这种主题将提供声音及数据网络，通讯咨询及服务的Avaya业务特征反映到装修概念中。

Avaya快速的无形服务用“动人”和“灵活”为主风格办公室内的所有桌子，书柜等办公用品到隔断，装饰物都引荐移动概念。一般办公空间不设置任何隔断和门，作为放开形式做处理。易感受封闭的设置在办公室里面的经理以上级人员办会位置，以奶色钢化塑料材质装修使整个办公室环境明亮起来。

称为《touchbase》的20多平米空间里设置10多个圆桌易于接见每位客人。体现了通信网络服务公司的“开放式交流”的形象。《touchbase》位于办公空间入口处和圆形会议室外围处，虽然容易划分为剩余空间，但利用不同色彩的地毯突出空间，与一眼望到驿三洞风景的窗户一起给单调的办公空间提供另一个空间。

“Avaya 韩国”的装修设计中另一个重点是称为“EBC（Executive Briefing Center）”装备展览中心。“EBC”展览中心有Avaya公司投放市场的所有产品，参观者可直接进行示范和操作。“EBC”通过现有的技术问题解答向现代顾客和未来顾客展示企业方针，实现梦想。

办公室、休息室等摆脱传统封闭式的概念，利用墙壁和地面材料的各种颜色、材质以及装饰物等来划分界线设置开放式空间。对于开放式空间有的职员提出有些不便的意见，初期设计时它是完全开放式的空间。在后期接收这种业务空间对于我国办公情绪有些不符的建议下，经理以上业务空间进行封闭式处理。

位　　置：汉城市江南区驿三洞737
设计范围：12楼
用　　途：业务设施
面　　积：1000m²
表面材料：地面－地毯/墙壁－壁纸，油漆，纹木涂装

天棚－石膏涂装
设计·监理：Poongjin I.D co.，ltd.

本栏图片提供：Pcongjin I.D

The 公司大楼

The Building of A Company

Baek Jeanne
JIN DESIGN co.，ltd.

位　　置：汉城市江南区
用　　途：业务 / 一般
面　　积：7393m²
表面材料：地面－地毯地砖
墙壁－木质胶合板，彩色漆，壁纸，玻璃，大理石
天棚－乳胶漆，不锈钢，黑色玻璃
窗户－木质胶合板，高调子，蚀刻玻璃
设计时间：2002.1.15～2002.2.28
施工时间：2002.3.15～2002.5.3
监　　理：INEX
设计・施工：JIN DESIGN co.，ltd.

从摇篮到坟墓……

人类环保·自然环保的企业理念使人联想起作为伴侣共享喜怒哀乐的交响乐。如各种不同的声音合在一起诞生和谐的作品一样，空间的三维形象通过音乐主题将空间更加具体化。通过这种方式将整个企业理念装入空间，以此为基础进行了设计策划。交响乐概念是时而轻快时而庄重幽静还表现出温和。走在三维空间时面对的空间根据不同功能表现为各种不同类型的表情，这种不同的表情聚合在一起形成一个企业形象。

职员楼层的设计要点使用自然环保型材料表现庄重和信赖感。职员集中在一个楼层，充分考虑走廊较长的特点，在入口两处走廊空间制作展现企业历史的画廊，又多了走廊风景，这里的氛围与其他楼层有些不同是以古典的形式为基础，使用简洁的线条，而且使之单纯化。地面铺设地毯面避免地砖，玻璃采用白色蚀刻玻璃。采用柔和感的纹木。尽量少用彩色漆，多选用塑胶壁纸。走过画面墙便是到达最顶层的楼梯。位于大会议室的圆形空间作为象征企业形象的空间，它的双重墙壁以各种方式变为职员会议室、宴会厅、礼堂等。地面采用蓝色色调保持建筑物圆形结构。外围走廊间旋转墙壁也是圆形结构，都彩用玻璃使光线自然射入屋内。考虑会议室的功能，使用反射膜切断易于分散的视线。

业务空间使用玻璃和彩色玻璃把大胆的蓝色着色利用在建筑柱子等处体现进去性。宽敞的空间中间考虑界线在适当的位置布置了会议室。有别于一律按一个方向布置房间的现办公室结构安排，为了多给职员提供更佳的景观环境，整体由玻璃来构成。最受瞩目的是在建筑景观最佳的地方给职员设置的休息空间。

业务空间设计中简洁的色彩和形态易引起厌烦感，因此力争为职员们设置了休息和再充电的空间。这种空间是我国近几年出现的办公环境设计的新趋向。从地毯和家具也能观察到，采用明亮丰富的色彩组合设计。给予新鲜的办公空间。

本栏图片提供：（株）JIN设计 摄影：郑太虎

韩国第一银行总部

Korea First Bank Headquarter

Min Associates Inc.

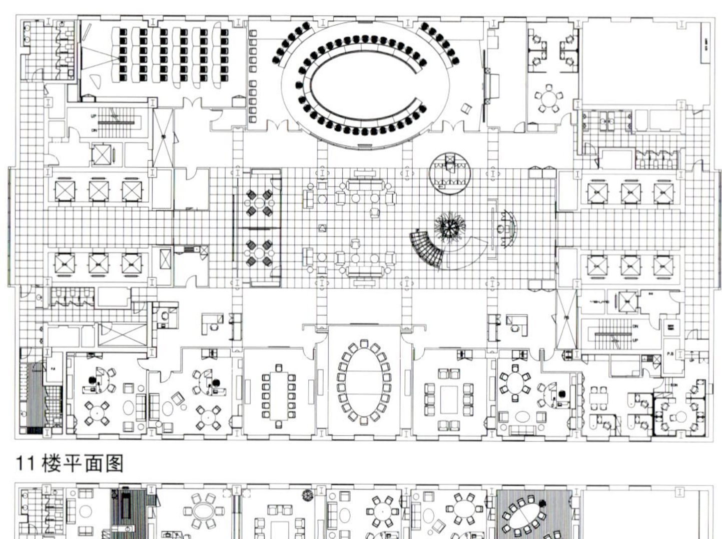

11 楼平面图

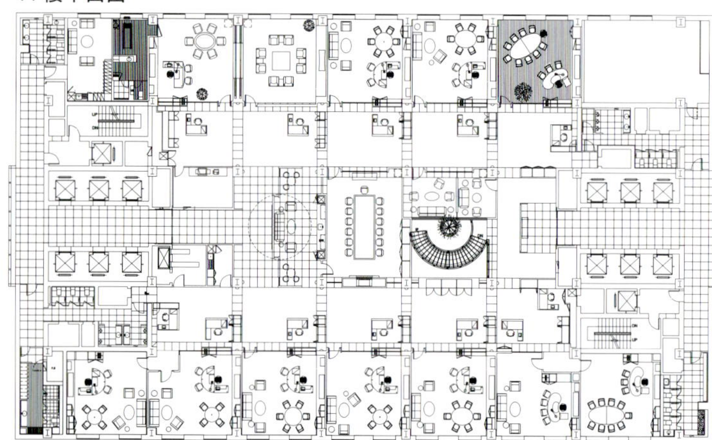

10 楼平面图

韩国经济膨胀最高峰时期的20世纪90年代后期给我们带来巨大考验的IMF事件，变化最大的是金融界。为发展成先进金融机构，为了实现经济透明化，提高信用，经营内实化等进行了不断的努力，这种现实在室内设计中做了充分的体现。

"第一银行职员室"将传统的转移应用空间（392m² 沙发为主的业务空间）改装为以业务为中心的实务功能型（99m²的会议桌为主的空间）的办公空间。构成了功能型的充满活力的空间。原封闭式办公空间使用透明玻璃体现办公透明化的自信感。明暗色调的对比和整顿整洁的线及通过面与面之间的分节体现出现代未来型的银行。

体现经营理念和室内设计的相同性质，家具设计，饰品设计等考虑实用功能为主，实现了配套设计的办公空间。

位　　置：汉城市钟路区公平洞 100

面　　积：2 970m²

表面材料：地面－石材，地毯，木板

墙壁－木材，油漆，玻璃，布

天棚－油漆，树脂纤维

设计时间：2001.1 ~ 2001.5

施工时间：2001.7 ~ 2001.10

施　　工：MINITS

设　　计：Min Associates Inc.

本栏图片提供：Min 设计 摄影：金永官

Good Concert 最佳音乐会办公室

Good Concert Office

Ryu Seung-ha
T.E.A.M.

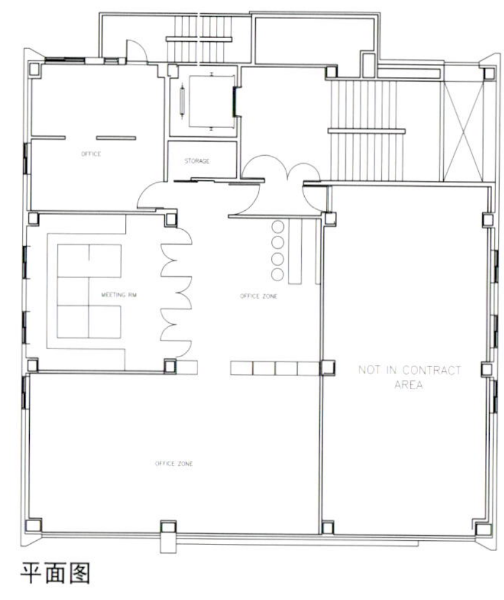

平面图

荒凉干枯反之显得亲切

都市的冷漠感是一味地想脱离的社会对象。生活的闲暇与浪漫不只是郊外，田园，牧场“最佳音乐办公室”随产业化一同认知人类所创造的色彩，“灰色”是作为我们的一部分的意识过程。

计划 1——快乐

空间分为办公空间、娱乐空间以及同时包含两种性格的会议空间。不想把它设计成类似给“工作中毒者”提供“工厂”的工作环境。通过业主的协助充分展现了娱乐空间的设计。

计划 2——简洁城市

公司以演出策划为主要业务，从它的使用性质来讲，进行演出前各种排练人数要比平时增加好几倍。此时娱乐空间转变为会议室，将会议室的四面中的面设计成门，同时实现扩张和遮蔽的功能，这里所指的门将把会议室利用既封闭又开发的双重空间。

计划 3——方法论

构成单位容积大的空间方法“对称与非对称”，利用“比例感的不协调”维持紧张感。通过材质感的连续性引导空间的统一感。

现代人在办公室的时间更多于在家的时间，只是简单地摆放一个小花盆，它的绿色能给办公人员带来别样的轻松与亲切感。

位　　置：汉城市江南区新沙洞 502-5
用　　途：业务
面　　积：170.29m²
表面材料：地面 镶板
墙壁 – 夜光灯造射
天棚 – 夜光灯造射
外观 – 瓷砖
设计施工：T.E.A.M.

本栏图片提供：T.E.A.M 摄影：金在原

韩国证券公司

KOSDAQ

Joong-ang Design co., ltd.

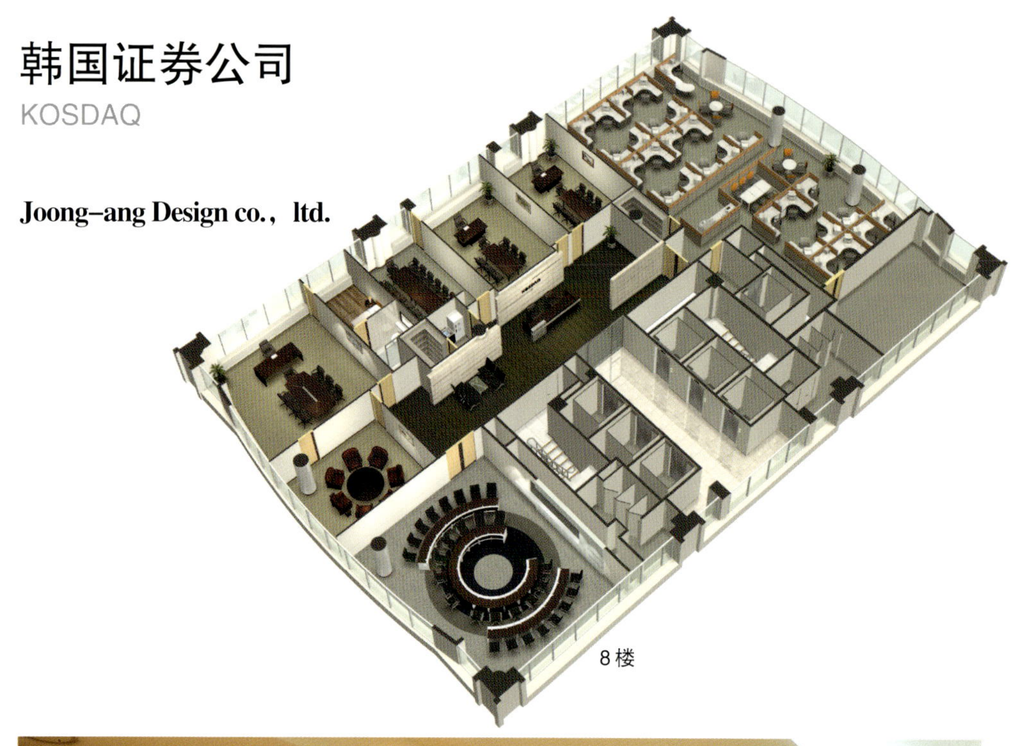
8楼

韩国证券交易市场作为尖端企业的资金源，模仿推动美国经济发展的美国NASDAQ市场在1996年7月建立了与原交易所有一定区别的新型证券交易所。从证券交易市场性质来讲对于调解中小企业资金作用较强，整体安全系数较弱，但体现出逆动性较强的年轻一代形象的特点。

"证券交易市场"搬迁时考虑到适合证券交易所形象的空间设计及装修。首先搬迁的是"证券交易市场"最重要的部门即证券现况综合分析室。主客户对20m²规模的证券现况综合分析室及操作员业务空间进行确认。从整体角度尽量满足对空间的要求。非四角及圆形以多面体形态结构面向外部的面构成较宽的面积。现况分析室整体的空间主题设定为箭状物，这是表现证券市场永恒梦想的上涨箭和联想尖端概念相结合的。内部装修表面材料中超大型玻璃确保了空间的变化、扩张及保安系数。

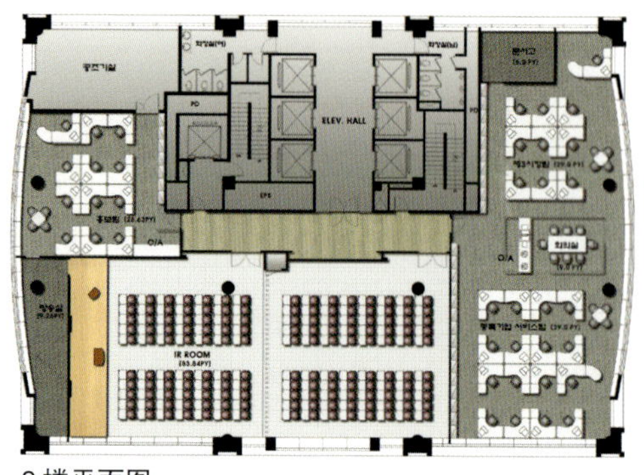

9楼平面图

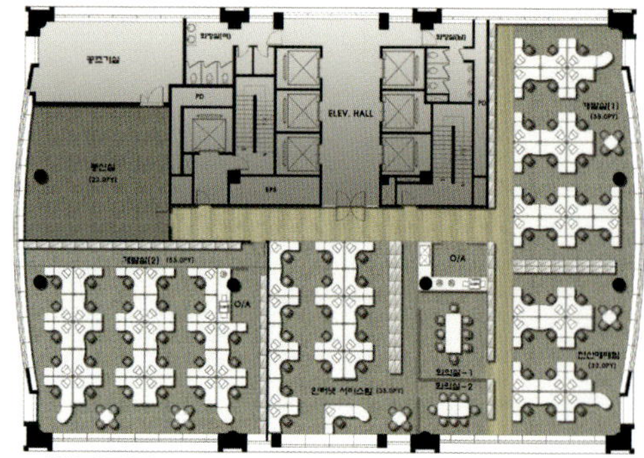

6楼平面图

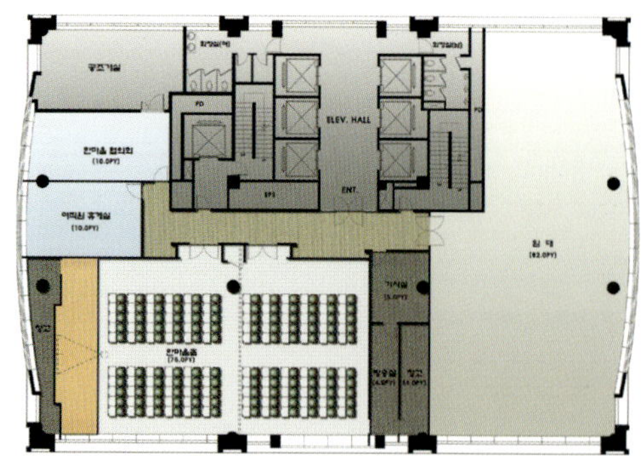

4楼平面图

证券现况综合分析室设置后将原有的办公室从新装修区分为一般办公室和职员室。公司整体办公室主要设计以梦想，冒险，尖端为主题。按上述理念设定各楼层颜色及主题。

职员办公室作为证券交易所大客户经常光临的场所，设计方面考虑到其象征性与层次，另设象征开拓精神及挑战精神的“丝绸之路”。

随之提出了附和“丝绸之路”的各种设计方案。特别是在色彩方面与丝绸有协调性色彩咖啡色为主色调，使整个空间表现出既华丽又有品位的格调。与职员紧挨着的风格稍稍不同的IR室，设计方面包容了所属单位对外部企业讲解公司未来的特殊性，因此它的设计主题是体现如熔岩般热情的岩石为主的红色为主色调，通过以上设计尝试各种各样的差异。

另外，关于平面/立面利用整体垂直的有各种厚度和长度的线实现整体构思《冲向第一》的超速感和年轻激情的差异性空间。

设计“证券交易市场”时主要考虑的问题总结为以下两个方面。第一，在“证券交易市场”工作的职员提供最佳的舒适感。配备最先进的IT环境，办公室配置等方面都以最大限度按部门的性质来分配。第二，从装修中最大限度体现“证券交易市场”特有的逆动性，通过装修构思的解释提示差异性。设计职员办公室或IR室或者现况综合分析室时利用设计差异要点，起到了指南针的作用，使访问证券交易所的客户通过观察空间构造就能知道公司性质。

位　　置：汉城市永登蒲区汝矣岛洞

面　　积：2 550m²

表面材料：地面－地毯，木板

墙壁－纹木，油漆，地砖，玻璃，布

天棚－乳胶漆

设　　计：Joong-ang Design co.，ltd.

本栏图片提供：中央设计

Palace 大厦

Tower Palace

Lee Dal-yong
KESSON co., ltd.

豪华大厦作为关注入住者的生活便利性和安全性而设计出的新概念居住空间，兼备眺望景色和审美满足感的住宅优点，构成宾馆等级的空间里提供居住服务的空间。

1楼提供客人的保安及引导服务，并提供邮寄，特快服务。阳光从屋外自然射入，且高天棚的客厅，与一般住宅有明显差异，给人提供最大休息空间的悠闲感。

拥有投影机银幕装备的综合休息间为居住人提供进行茶话会、演讲、讲课、会议等场所。为居住者设置观看TV、谈话、阅读报纸、看小说等各种休闲场所。俱乐部里设有简单的小型酒吧。另外有台球厅和进行投票游戏的房间，练歌房，在家无法清洗的大型物品洗衣间，图书室，婴儿室，宴会厅等给居住者们提供各种便利设施。为访问的客人专设韩式、中式客房。另一建筑物作为健康中心给居住者设置和某些商业设施，也是与独立的高层大厦中自然景观样必要的组成部分。天棚形态，地面图样中有流水和花瓣树叶形象化的图案。大厅地面是以具有审美感和安全感的浅米色为主色调。墙壁是以散发自然气息的石灰岩组成。地面和墙壁的下部使用金棕色大理石，一些其他部分采用了红木板和青铜金属材料。枝形吊灯的垂吊增添了大厅的宏伟感。从电梯伸展的走廊利用隐蔽的光线和特制的金属漆装点避免了单调感。

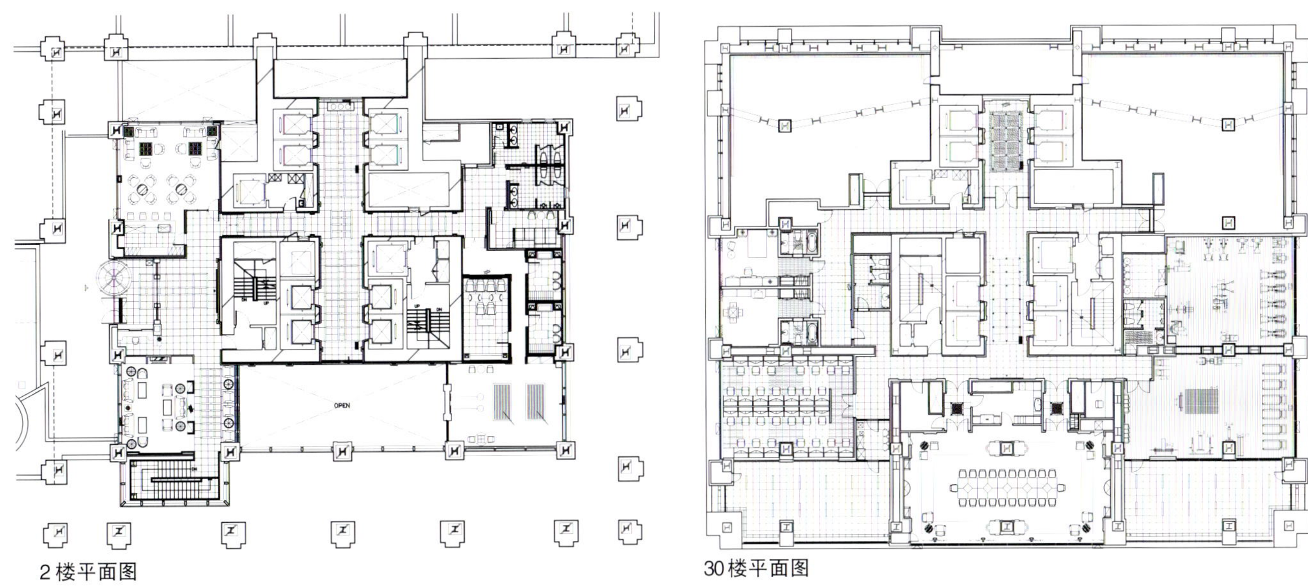

2楼平面图

30楼平面图

本栏图片提供：（株）KESSEN 摄影：李哲熙

位　　置：汉城市江南区道谷洞

面　　积：10 132m²

表面材料：地面－大理石、地毯

墙壁－石灰石和大理石、木板、黑色漆玻璃

天棚－白色漆、装饰胶片

施工时间：2001.12～2002.10

计划·设计：KESSON co.，ltd

泰国 Hewlett Packard

Hewlett Packard Thailand

Kesson International

本栏图片提供：（株）KESSEN 摄影：李哲熙

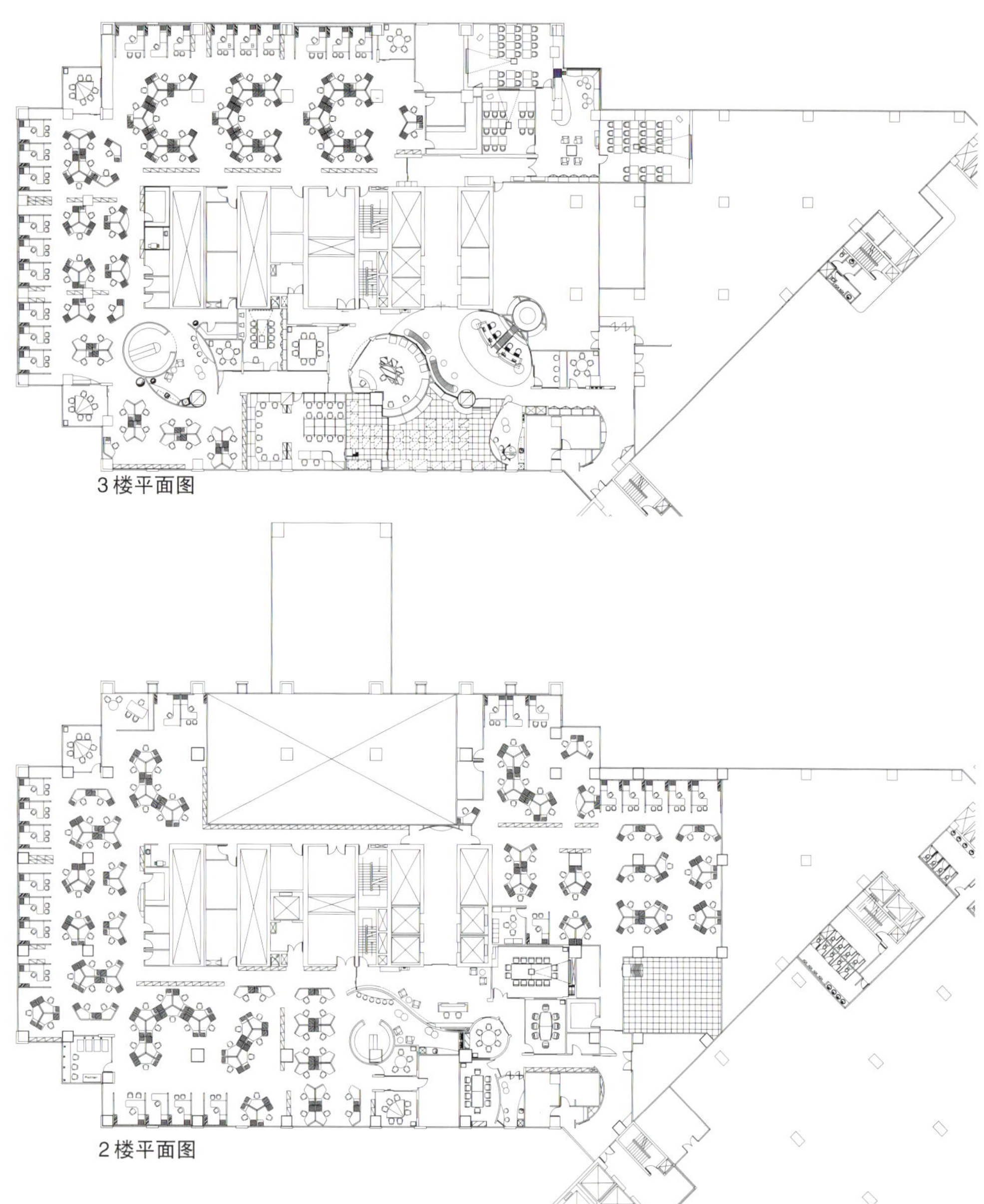

“Hewlett Packard 泰国”是 Hewlett Packard 将公司的工作环境根据原有的计划在2000年9月开始采用PWE将重点放在了提高职员的生产能力和确保优秀人力资源而改善工作环境的一个项目。此次“Hewlett Packard 泰国”采用了T.E.E(Total Employee Experience)的程序，最终目的是来满足顾客需求。

本计划由亚洲本公司的 PWE 管理部门 Direction gui-deline 为基础，经理 Chwee-Peng Chew和他的技术工程师Teck-Chia Goh为总负责人一同进行，“Hewlett Packard 泰国”的 Sirich-ai Rongsirigul作为推行计划的地方经理。

位　　置：泰国曼谷
面　　积：整体 6 241.66m²
2楼 3 085.73m²
3楼 3 155.93m²
表面材料：地面－地毯
墙壁－油漆、纹木
天棚－白色漆、彩色漆
设计时间：2001.4.～2001.5
施工时间：2001.7～2001.10
设　　计：WoodsBagot（泰国）
施　　工：Yoo Hui Construction co., ltd.
监　　理：(株) Kesson，Woods Bagot(泰国)
策划・设计：(株) Kesson

IN

宾馆设施

KOREAN
INTERIOR
ANNUAL

庆州朝鲜宾馆

Wellich Chosun Hotel in Gyeongju

Min Associates Inc.

本栏图片提供：MIN 设计 摄影：金永国

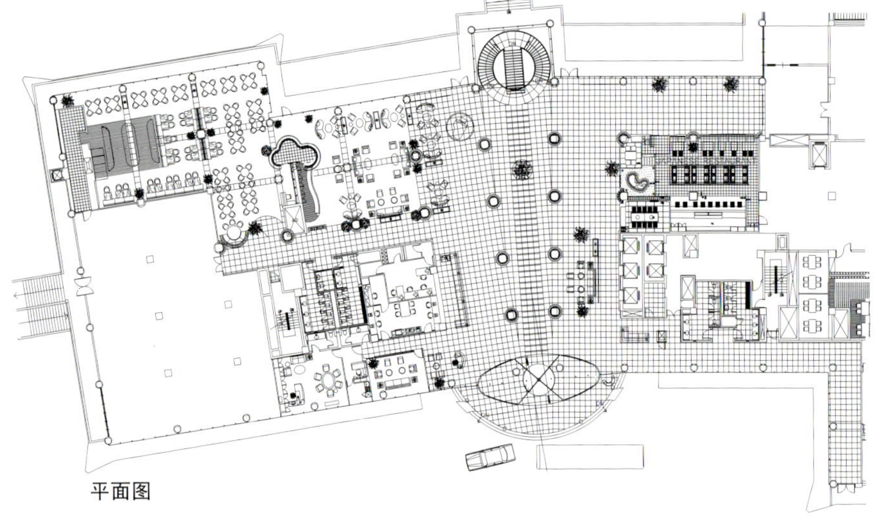
平面图

位于新罗千年古都庆州的"庆州朝鲜宾馆"是特1级宾馆。1988年奥运会前后宾馆数量明显增加,其中我国宾馆全部由国外设计人员进行设计。对西部生活方式缺乏了解的我国设计师和装修人员只起到设计施工和监督作用。

1970年后期起建的此宾馆保持了韩国传统砖瓦与房顶结构，这是此宾馆的形象特色。对今年年初新改建宾馆的建筑商要求与周围宾馆有明显对比的创造宾馆新概念的技术革新。建筑商要求从设计到施工利用3个月完成。年轻有为的建筑商把所有的事情委任给了设计家，我们掏出所有经验进行探讨，最后制定设计45天，施工60天的方案。

我们大体定出两个目标来进行。一个是体现韩国风情，一个是矮前台高大厅的目标。天棚实现扇形模样的不匀称平面轴。利用我国传统建筑中的露顶设计，柱和柱既连接又重叠在里边装入电线和其他设施从而提高视觉高度和空间。在传统家具和装饰品中采用传统因素和颜色并且现代化的设计使"庆州朝鲜宾馆"与其他周边特级宾馆形成明显的对比。

位　　置：庆北庆州市保门观光区
面　　积：1980m²
表面材料：地面－石材、地毯
　　　　　墙壁－油漆、玻璃、布
　　　　　天棚－油漆
设计时间：2002.2～2002.3
施工时间：2002.3～2002.5
施　　工：Min ITS
设　　计：Min Associates Inc.

SOFITEL 大使酒店

SOFITEL AMBASSADOR HOTEL

Kesson lnternational

2001年末,坐落于奖忠坛丘陵的“SOFITEL大使酒店”从1955开业以来通过大量的整体外观革新进一步提高了在城市中心的宾馆地位。“SOFITEL大使酒店”的16楼，17楼，18楼服务台工程符合新装修的宾馆格调,是按装修新风格计划进行的第一阶段,也是日后改造工程设计的重要部分。酒店位于城市中心与南山临近，很少有城市荒凉感，因此利用这种宾馆的地理位置将房间设计成既舒适又时尚的空间,创造与国际商务环境相协调的环境是设计的基本格调。

装修表面材料的部分木材和墙壁纸，大理石和地毯按空间功能区分和形象统一化把重点放在颜色和材质协调之中与其他宾馆的房间形成明显对比。

本栏图片提供：（株）KESSEN 摄影：李哲熙

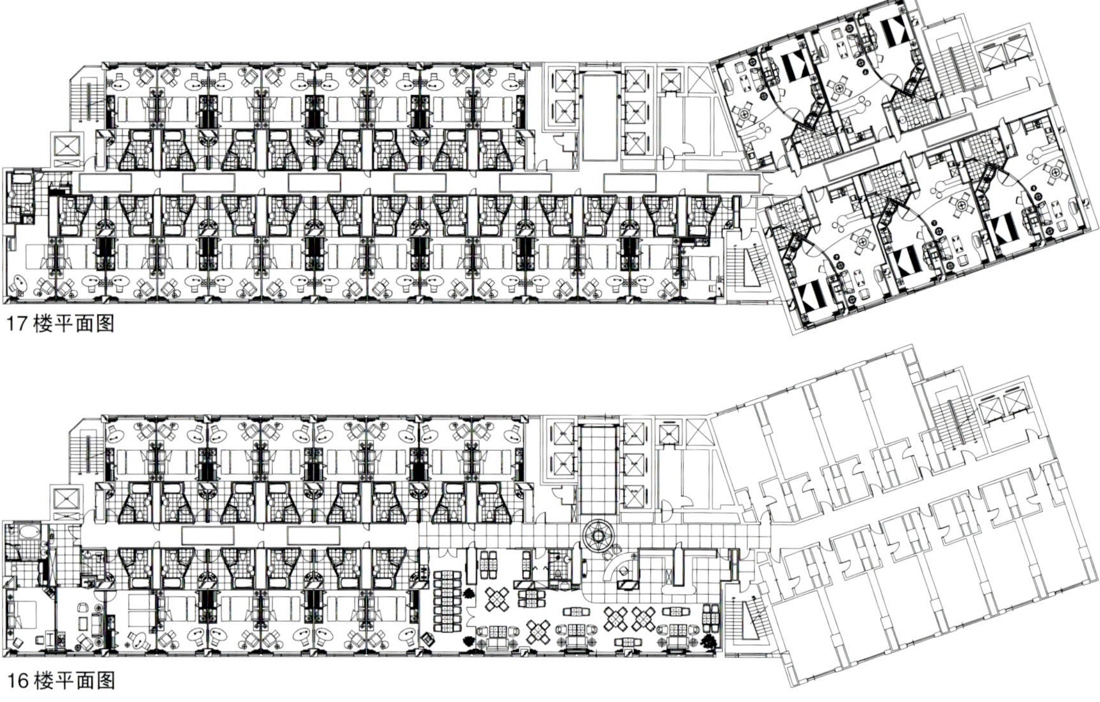

17 楼平面图

16 楼平面图

位　　置：汉城市中区奖忠洞2街186-54
用　　途：宾馆
面　　积：2 822.3m^2
表面材料：地面－木料、地毯
墙壁－墙盖、涂料、玻璃
天棚－灰白色涂料
施工时间：2001.12 ~ 2002.4
基本设计：Leese Robertson Freeman Designers Limited
设计・施工：Kesson International

济州 Orietal 酒店

Orietal Hotel，Cheju

Beyonhd Space Interior

位　　置：济州岛济州市三道洞
用　　途：住宿 / 宾馆
面　　积：客房 –2 190m²
赌场 –1 480 m²
1 楼大厅 –1 500m²
表面材料：地面 – 地毯、大理石
墙壁 – 壁纸、纹木、大理石、镜子织物
天棚 – 乳胶漆、纹木
设计・施工：Beyond Space Interior

本栏图片提供：Beyond Space Interior

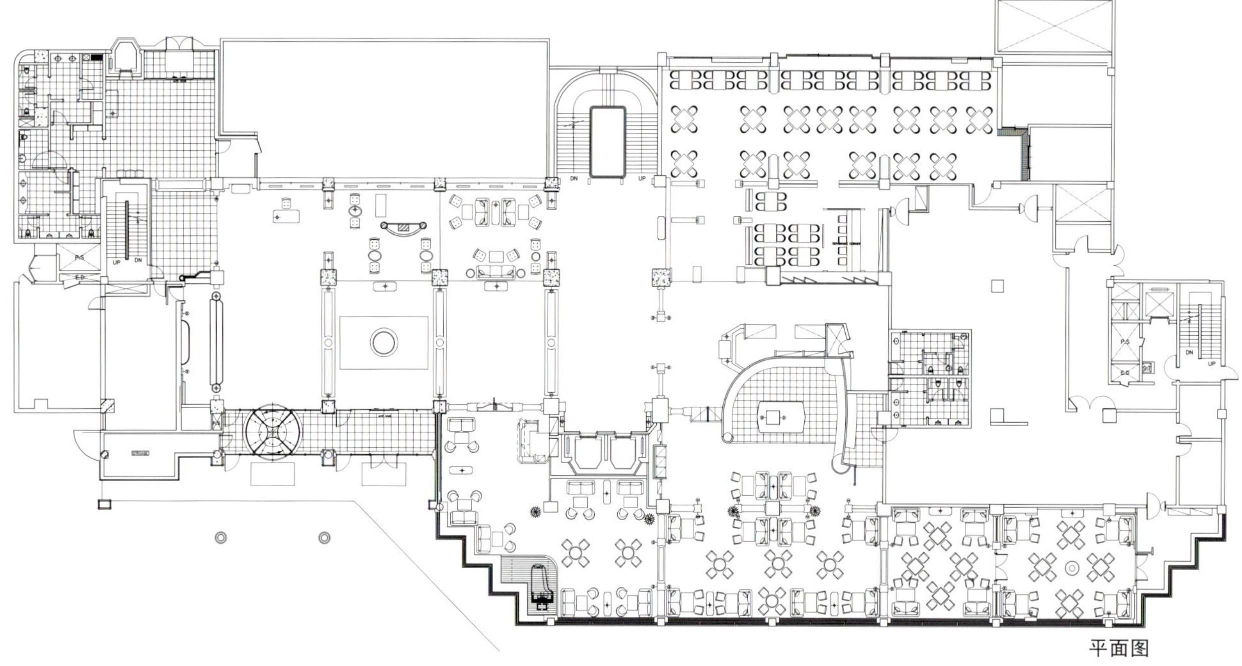

平面图

位于海边风景美丽的"riental Hotel, Cheju"利用都市和海边的地理和休闲旅游特点设计具有新型风格的空间。这种风格不仅为国内游客也为国外的游客提供舒适和休闲之处，设计的主题放在使游客在此游览胜地体会新鲜感的与自然的会面。计划9、10楼是客房，地下1层为赌场，1楼是大厅与咖啡厅、西餐厅、休息厅，室外有伞盖和喷水池等分阶段进行。

9、10楼客房

白色装修线条，纹木，温和色调的墙壁和地面以及客房的家具和彩色条纹窗帘，相架，照明灯具的装饰物起到装点房间的作用，演绎明亮和新鲜感。套房入口处为隔断视线用玻璃制做流露自然感，浴室中浴盆设置在透过窗一眼就能望到大海的一侧。

地下1层 赌场

作为娱乐场所给予赌客的是华丽和兴奋感。避免形态的复杂和色彩多样化，但富于紧迫和冲击力。玻璃制作的服务台，花纹样式的地毯，入口处看到的立方形上部照明处理，天棚和墙壁的间接照明，明和暗，家具的色彩等，利用了光和材料颜色给予的丰富色彩。

1楼大厅、咖啡厅、西餐厅、休息厅

1楼大厅和咖啡厅、西餐厅、休息厅不只属于物理空间的设计，需为使用者考虑。为自然界线的划分和顾客步入的界线考虑在正门和后门的入口界线，总台位置，大厅和顾客停留处的领域进行划分。视觉开阔的空间，按功能划出各领域的顾客停留处用开放结构处理，个性化与整个空间形成协调并增加空间流动的灵活性。依海洋城市的特点选择采用亮色调的木色，这种亮色调为主色与古典线条一起使用形成安逸舒适感。另用原有的高天棚确保视觉效果。主材料以纹木为底，按家具的不同档次和形态以及颜色形成显明的差别，地面材料作为空间划分和视觉要素，将色彩和材料的调节作为要点。

樱桃酒店
cherry HOTEL

Kim Young-ohk
Rodemn A.I

本栏图片提供：（株）Rodemn A.I 摄影：郑太虎

随时代和地区习惯也不同。人类生活方式称为风格的话，此处是装有看不清现实的同时代的风格。除了对吃、喝、穿、买、休、住基本要求以外现代人还需要对事和梦想的追求。

《樱桃酒店》是想珍藏梦想的设计。

制作30个游乐场所

此处是情人宾馆。体现我们现代系统的中间领域。以零乱的周围环境为背景，外观是混合瓦粉的黑色砖块和绿色H-梁筑起，前院种植了樱桃树。将嗅觉性经验以视觉性空间来进行解释。

设计中很少有思考过程，多依附于感觉秩序。材料有树木、茉莉、牛奶、巧克力、水、香、玫瑰、熏衣草、橙子、樱花的香味。它们的色、质感照明、素材形成30个房间。这些作为房间的名称也是宾馆的主菜系。

回忆

与顾客开始私人性质的沟通。房间无聊。迎接陌生人的房间读出他们的对话与视线和韵律。进入房间的人通过五官感觉房间并留存深刻的回忆。等待客人的房间创造出无数的创意。创意成为个人的回忆，制作时代印象是设计者的梦想。

位　　置：汉城市松坡区芳荑洞41-9
用　　途：住宿/宾馆
延 面 积：911.67m²
占地面积：272.2m²
建筑面积：1, 320m²
规　　模：地上6楼，地下1层
表面材料：地面－石板地砖、木板、地毯砖、钢化玻璃
墙壁－染色木、壁纸、粉饰灰泥、涂装、彩色玻璃
天棚－涂装
外部材料－黑色、彩色玻璃、H-梁
设计时间：2002.5 ~ 2002.7
施工时间：2002.7 ~ 2002.10
设计·监理：RodemmA.I

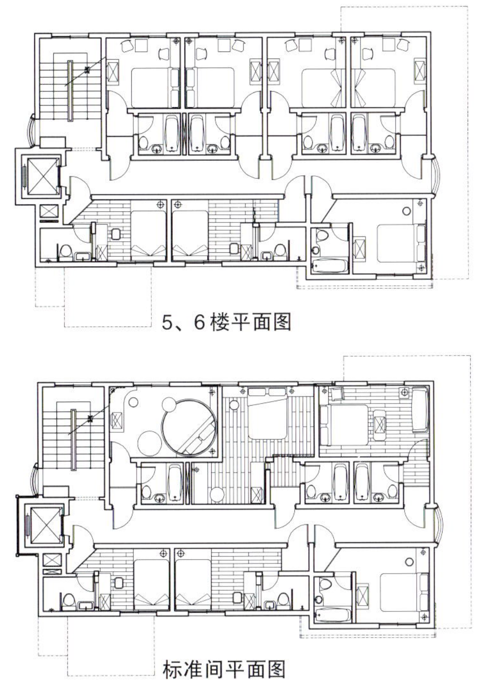

5、6楼平面图

标准间平面图

Podo 酒店

Podo Hotel

Jun Itami
Jun Itami Architect a Research Iinstitute

南侧立面图

西侧立面图

东侧立面图

本栏图片提供：JVN Itami 建筑研究所 摄影：金钟梧

平面图

位　　置：济州岛南济州群安德面上天里62–3

用　　途：住宿 / 宾馆

占地面积：212 335m²

建筑面积：4 225.19m²

延 面 积：4 356.63m²

表面材料：外观 钛铅板，柚木，大理石，铝瓶，济州石

地面 – 地毯，非洲柚木，石板

墙壁 – 非洲花纹樱桃木，铁板，钢化玻璃，水泥，济州传统染色麻布

天棚 – 非洲花纹樱桃木，铁板，济州传统染色麻布

施工时间：2001.6. ~ 2001.12.

设计 · 施工：Jun Itami Architect a Research – Iinstitut

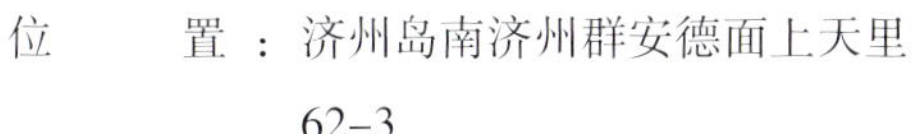

M 酒店

M Hotel

Kim Kwang-lim

e0e design

8 楼平面图

3 楼平面图

1 楼平面图

位于江南最繁华商业区驿三洞的“M酒店”是将原有的建筑物增建改造后变更使用用途的。

外观整体使用玻璃装修，利用静止的线条和材料吸引人们的视线。“M酒店”内部装修也避免了传统装修材料，用玻璃材质的材料体现明亮透明感。形态因反复强调的四角线密密麻麻组合形成的线幕是填满空间的概念。较小的组合之间模糊看到的内部表面现象和空间添加了另一种视觉快乐感和想象力。这些组合夸张地体现了传统门窗。从远距离观察线与点消失扩散到四角各面。这种组合避免了空间的浪费，使之形成完美的大型建筑物。切断内部与外部的薄膜能引起较小的刺激，也是为体现视觉性的深度。

整顿整齐的装修像是样品房间。装修概念特点和照明设计给予感觉也独具一格。这里利用较多的间接照明，通过它能体会出空间的变化。观察这里装修能够看出光是自由的，透过幕看到建筑物如同一幅画。虽然是透明的却看不见，虽然看不见却能感觉到内部。

位　　置：汉城市江南区驿三洞678-21

用　　途：住宿/宾馆

建筑面积：396m²

延 面 积：3099m²

规　　模：地下2层，地上8楼

表面材料：石灰石、印度黑色、高玻璃、地毯、抛光地砖、裱糊纸

设计·施工：EOe design

本栏图片提供：二室二设计

Lotte 海洋城堡

Lotte Ocean Castle

Kim Tae-young+Park Byong-wook+Kim Soo-hwon

MIM Design+NOW Archihects

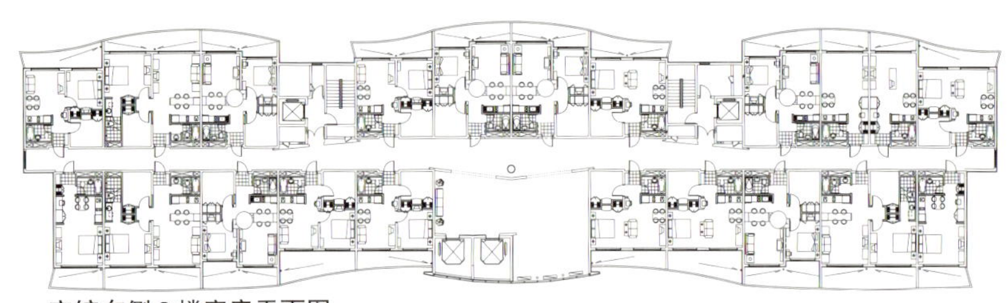
宾馆东侧9楼客房平面图

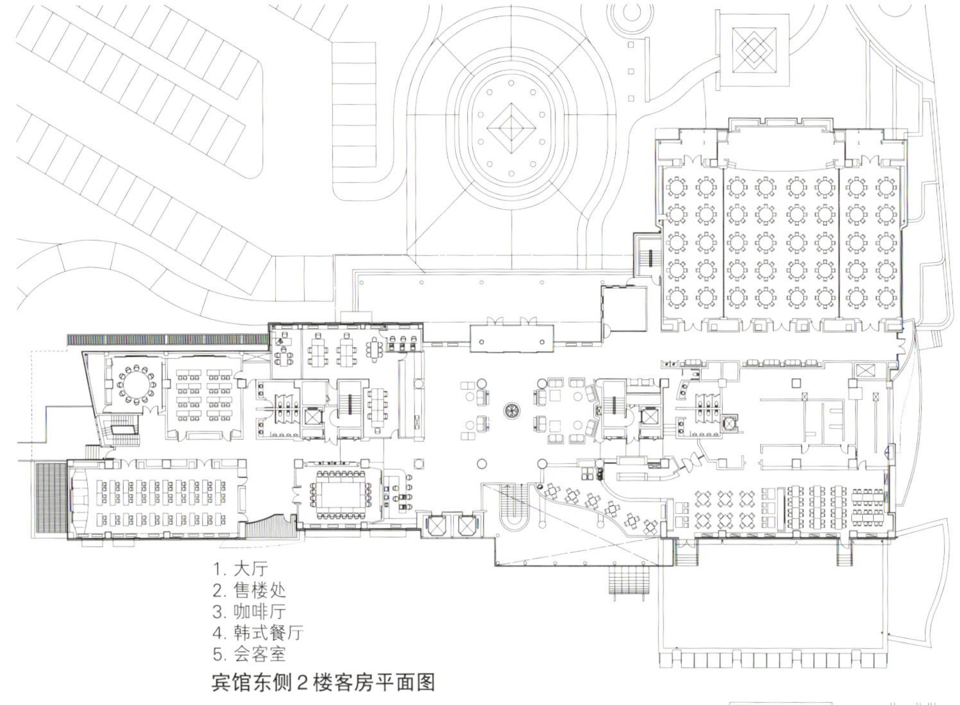
1. 大厅
2. 售楼处
3. 咖啡厅
4. 韩式餐厅
5. 会客室

宾馆东侧2楼客房平面图

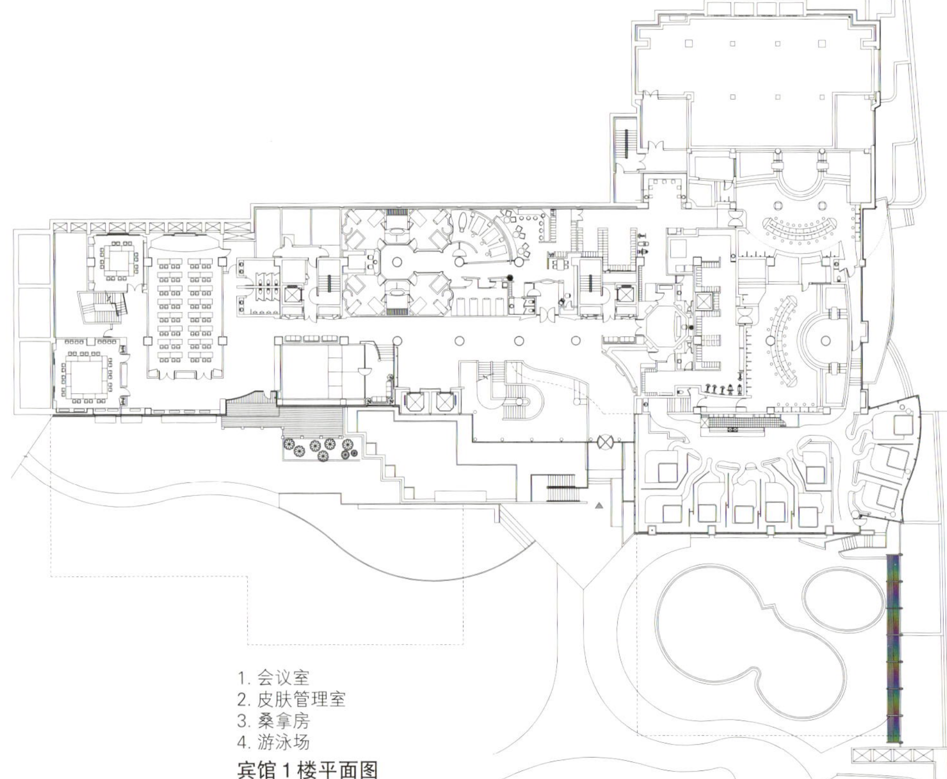
1. 会议室
2. 皮肤管理室
3. 桑拿房
4. 游泳场

宾馆1楼平面图

位　　置：忠南太安君安面邑中长里765-81
主要用途：宾馆，住宿，商业设施
建筑面积：7 290.43m²
延 面 积：30 533.73m²
表面材料：宾馆东 地下1层：地面－聚氯乙烯、马赛克地砖
墙壁－粉饰灰泥、金属性油漆、美术油漆、彩色天然漆、容胶、墙壁装修
天棚－容胶、乳胶漆、织物
宾馆东 地上1楼：地面－地毯、木板、地砖、乙烯树脂座位
墙壁－织物、纹木、墙壁装修、马赛克地砖
天棚－乳胶漆
宾馆东　地上2楼：地面－石灰岩、砖地毯、麻料地毯、聚氯乙烯、大理石
墙壁－粉饰灰泥、纹木、石料、墙壁装修、彩色天然漆、织物、马赛克地砖、乳胶漆、实心木板
天棚－乳胶漆、织物、纹木
宾馆东客房：地面－地毯、聚氯乙烯、单人房间
墙壁－墙壁装修、纹木、地砖
天棚－乳胶漆
大厦东：地面－大理石、地砖、单人房间
墙壁－墙壁装修、纹木、瓷砖、粉饰灰泥
天棚－乳胶漆
商业区：地面－地砖、竹地板、环氧化地面、木板
设计时间：墙壁－纹木、粉饰灰泥、瓷砖
施工时间：天棚－乳胶漆
监　　理：1998.10 ~ 2000.1
1999.12 ~ 2001.7
NOW Archihects，MIM Design

IN

文化设施

海云台电影院

Haeundae MEGABOX

Yoon Young-oh
（株）CATEC Design Incorproate

本栏图片提供：CATEC设计 摄影：郑太虎

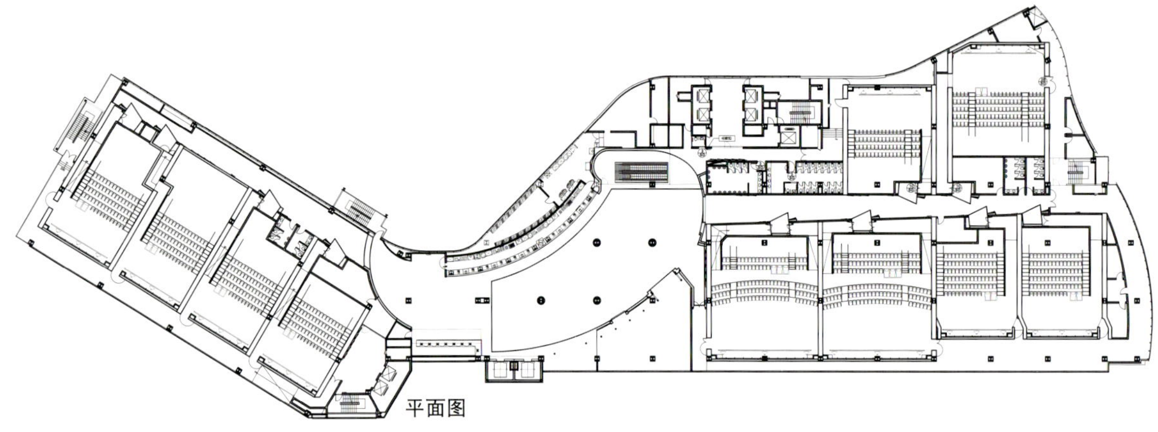

平面图

我们生活在反复无常的圈子里面。人们已适应这种生活圈子也不关注周围环境的变化。在生存的延续过程中感觉陈旧的基本生存方法是生存的基本，也是再生产人类和社会的生活能量。

进行计划前，对于如何改变我们的日常生活的问题思考了一段时间。

在今后随着生活环境的多元化发展的同时产出不断的生产与消费。如劳动场转变为休闲场所的模糊界线，而是夸大反映文化话题也是树立整体性为目的的结论。

位于釜山海云台的MEGABOX是脱离原有的商场概念，称“曲线性媒体空间”标题的称为“海绵”的复合文化空间内设有10个电影厅，成为釜山文化发祥地。

满足知识性、文化性需求为前提。由人创造空间概念转化为空间将形成人的思考和习惯文化的前提下，给进入此空间的每个人提供无限想象的空间。

问题是以什么样的文字形式来表现，可从单纯的游戏文字为主，首先摆脱功能性空间。现代电影院除概念之外，还应该成为年轻人聚会的场所，也是开创新一天的有意义的空间。此空间应具有过去与现代对话中展开对未来无限想象力的逆境动态。提高人类整体性，通过反省自己追求真实的梦想。

MEGABOX的各种主题空间里如同乘坐时间隧道在过去、现在、未来中遨游。整体空间体现的是地球表面，以深蓝色为主色调。一部分影厅采用电影画面展现梦幻未来。

步入6楼的主线从滚梯体现吸引顾客和整体电影厅的自主性。利用照明的戏剧性表现与周边环境的区别。墙面曲线与地面花纹表现即将开演之前的期待与兴奋。作为公用大厅两侧建筑物连接的每个电影厅入口处，采纳移动性空间概念和复合空间内部，一半引用外部广场的概念。用扭曲的尺度设置物体，用反射的效果体现假象，柱子、公用大厅上部等大面积主色调采用了深蓝色。天棚主题采用渐渐上升的扩大效果。

黄色出入口是MEGABOX象征性的造型物形态，在建筑物外部采用如大型PDP广告等新形象新方法表现不同感。将签名纳入影片间接要点，为了提高视觉感引入大主题的影片主人公，如同是在影片里体验旅行。通过强烈的颜色对比和物体自身的反射演绎跳跃效果和动感空间。

另外在每个电影厅号码中用照明提高视觉。

走廊以“ᄀ”字线连接天棚和墙壁的照明隧道，增加对新空间的期待感。

各电影厅内部以红色、蓝色、绿色为主要颜色，起识别作用，同时给予统一感。利用指南，大厅为霓虹平行形，中厅为直立型构成。

位　　置：釜山市海云带区悟洞587-1
面　　积：6 700m²
规　　模：10个放映厅及附加设施
构　　造：钢结构及钢筋水泥
表面材料：地面－人造大理石、地毯、瓷砖
墙壁－涂装、织物、人造大理石
天棚－金属型材质
设计·施工：（株）CATEC Design

Lotte 电影院

Lotte Cinema Daegu

Ko Young-il
IN DESIGN

通过新电影厅多银幕剧场来展现正在变化中的人类文化行为。

创造新生活模式为基本，积极纳入娱乐、幻想魔杖、Characteristic，既有独创性又有刺激性。满足电影院的基本要求为趣味性、好奇感、休闲之外，为扩大效果各个部分添加了其它构成要素。第一，另设画报内容符合主题；第二，为满足现代需求配置多媒体电影、因特网空间来摆脱传统电影院的局限性；第三，随人的动作行为利用照明设施展示驿动空间。

总之给观赏人们欣赏到具有情趣性、文化性的空间，提供了轻松，摆脱日常空间感受的另一层次的空间体验。

本栏图片提供：IN Design 摄影：金光旭

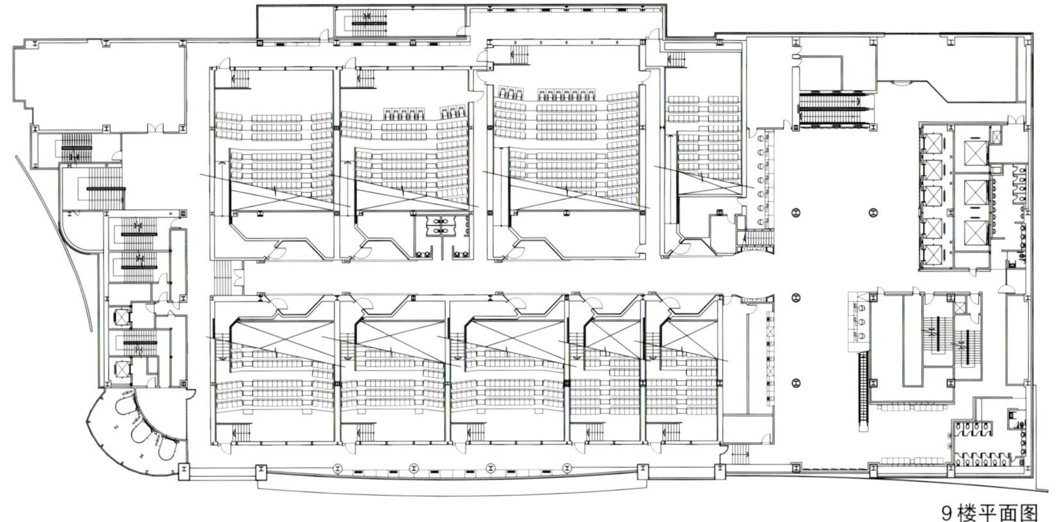

9楼平面图

位　　置：大丘市北区七星洞2街302-155

设计范围：9、10楼

面　　积：4 850m²

表面材料：地面－人造大理石，PVC瓷砖，墙壁·天棚－石膏板

设计时间：2002.4～2002.9

施工时间：2002.9～2003.3

大地电影院
Land Cinema

Yang Jin-seok
room and deco co.，ltd

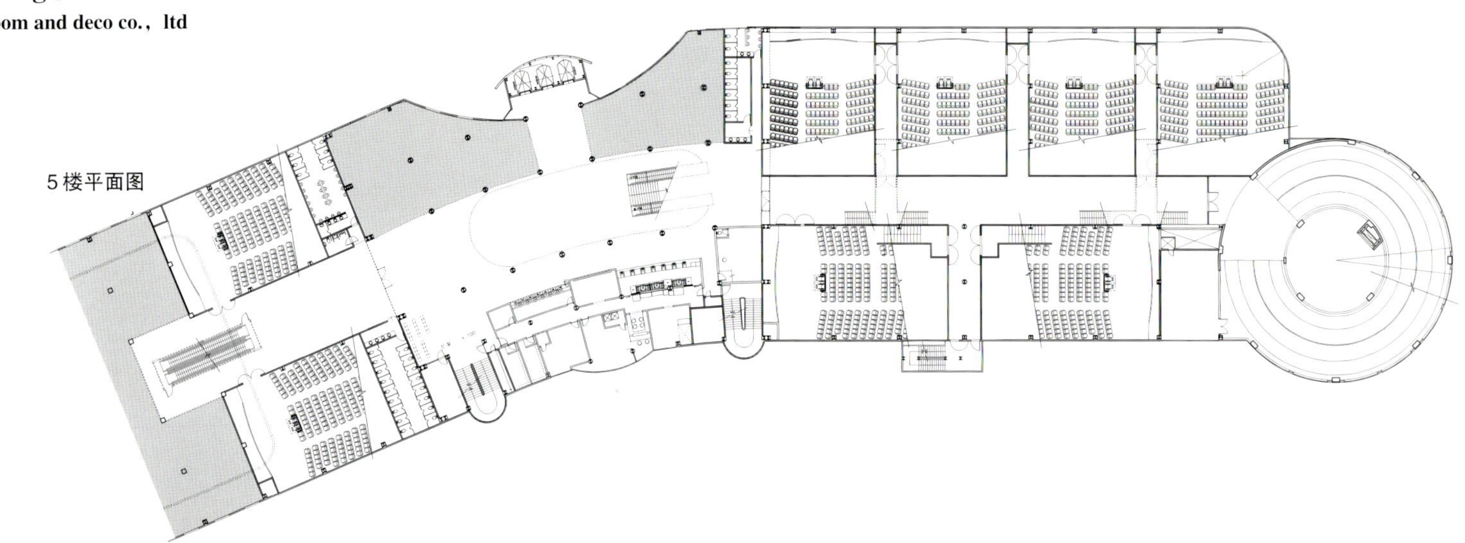
5楼平面图

位　　置：汉城市龙山区汉江路3街
用　　途：剧场
面　　积：10 318m²
表面材料：公共大厅/地面－抛光瓷砖、墙壁－金属制品、天棚－金属制品
剧场/地面－地毯、墙壁－涂装、织物、油画
天棚－水性油漆
设计时间：2002.6～2002.10
施工时间：2002.9～2002.1

本栏图片提供：（株）room and deco.co., ltd.

平村 Z00 002

Pyeong Chon ZOO 002

Joong-ang Design co., ltd.

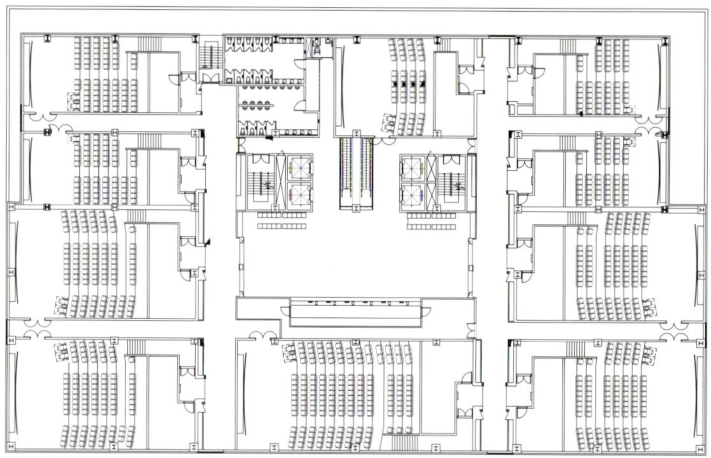

9楼平面图

位　　置：京畿道安阳市 东安区 观阳洞 1606
区域/地区：中心商业区域，城市区域
主要用途：生活设施，文化及集会设施，汽车相关设施
规　　模：地下1层，地上9楼
占地面积：4 346m²
设计面积：3 839.5m²
表面材料：天棚 -1楼：乳胶漆
8楼：开放式天棚上部 黑色漆
9楼：D.I.Y漆
墙壁 -1楼、大理石
8楼：D.I.Y漆、黑色漆光玻璃
9楼：D.I.Y漆、黑色漆光玻璃
地面 -1楼：大理石
8楼：瓷砖
9楼：瓷砖、地毯
设　　计：Joong-ang Design co.，ltd

本栏图片提供：(株) 中央设计

原佛教历史博物馆

Museum of Won Buddhism History

KJoung Yong-sub-Kong Tae-hyun +Kim Byoung-hee+Choi Woog
GROUF4D

展示技术革新是指怎样克服原有的空间建筑环境，将展示内容在限定的空间内充分利用，以此对空间展示不同看法。

如“原佛教历史博物馆”，将比传达唯物主义价值特点更为重要的知觉性价值放在重点时，它的意义更为重要。

我们对博物馆的基本功能，（收集、保存、研究、展示、普及）时代论，保守性和进步性进行设计和讨论前客户对现有环境要求的宗教观的社会性、地区性，文化性感性的扩大化放在了重点。作为宗教不进行历史性的包装和夸张，将它们的教理和精神非常纯朴地以感性方式体现。

此工程在宗教和社会文化双重性面前维持完美的客观性是不容易的。通过遗物和说明方法控制展示，对展示演绎的感觉和感受通过视线传达给参观者。让参观者在展示故事和演出方向的体现中由自己取得答案和结论。展示空间由财务室、企划电算室、影像室构成的教育馆、代表小泰山大宗寺一带传记纪念馆；还有从“寻找真理”为主题开展的图展室，到“原佛教今天和未来”主题的和平室，由6个历史馆构成。知之宗教内容及是体现环境美的设计和观点，不如说是通过展示物传达给观众宗教涵义。设计过程中虽困难，但是它能为观赏者提供相互交感的好机会，我们再一次品味着“交感”之词。

唯物主义展示泛滥的我国，希望愈来愈多地涌现出通过脱离固定观念的展示厅，设计出计划者与观赏者之间心灵感应的博物馆。

本栏图片提供：4D设计研究所（株）

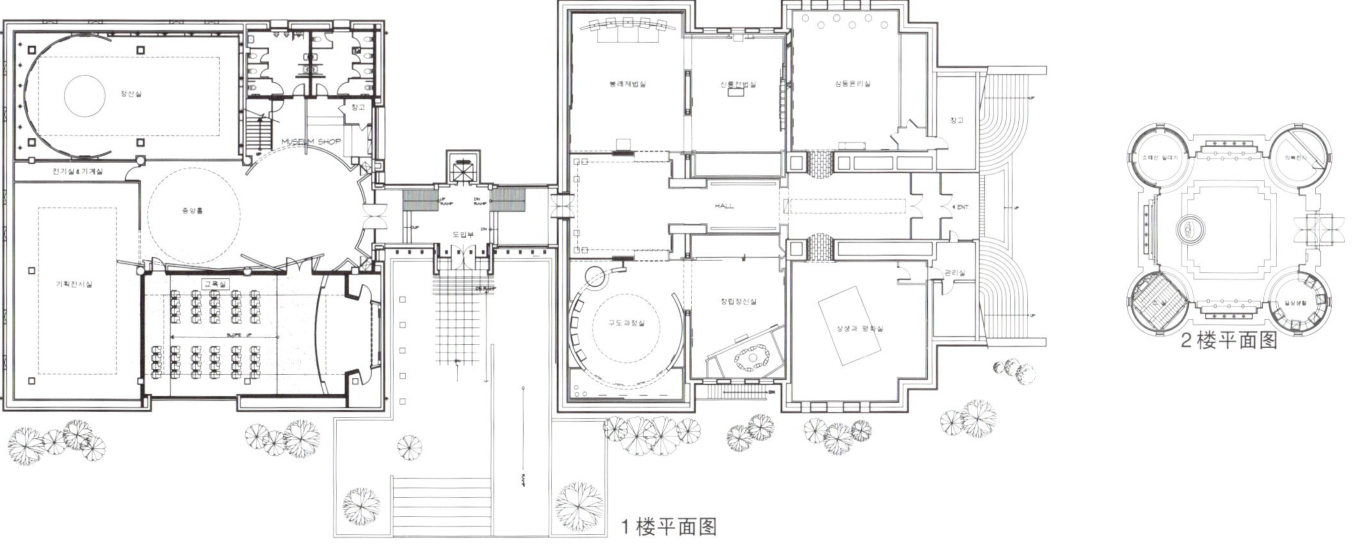

2楼平面图

1楼平面图

位　　置：全北益山市神龙洞344-2原佛教中央本部内

用　　途：博物馆

面　　积：历史馆－1 660.5m²
纪念馆－856.3m²

表面材料：地面－胡桃纹木 / 墙壁－天然漆木薄板 / 天棚－乳胶漆

色动一数码媒体震撼大厅

Sakdong–Digital Media Experience Hall

Kang Sung–do
design–saram

周末到来之际开始担心如与家人共度周末时间，有了孩子以后这种担心更加真切起来了。一个孩子时经常去的地方就是"艺术天堂"前院和汉城大公园，等有了第二个孩子就自然地首选空气好一点的汉城大公园。与汉城大公园从小就有缘分，每年至少要去5次以上。当然有自己去的时候，还有学校的活动。如参观国家现代美术馆参展作品等。每年要给访问汉城的爷爷、奶奶、农村亲戚、老邻居当导游。

几年前开始汉城大公园内施工车辆频繁进出，不久在动物园附近立起了一栋玻璃现代建筑物。开始时对它毫无关心只认为是"有一栋建筑物"而已。直到通过好朋友提议接收了IT展示馆"情报天国"的项目，"啊，原来是那栋建筑物"从此又结成了与汉城大公园的另一段缘分。

后来才知"情报之国"是为IT产业进行宣传设立的展示馆，隶属于情报通信产业部。平时从学校来的团体客人较多，周末和节假日期间，以小朋友和家庭成员为单位的观赏者较多。成人来的时候几乎很少。趋向于娱乐性的宣传馆大部分是学生们喜爱的，学生们坐到电脑前搜索情报及进行电脑游戏。

不知是因为观光者的惯例特点，还是其他原因，此次作业也没有多余的准备时间，只有几天的施工时间，只能采取现场作业以外的其他地方进行施工前的准备后设置的方法。另外，就原位于此处的企业展示馆进行技术革新的意义来讲，不仅要体现特有的个性还要注意与原展示空间的关系。使用原基本的室内展示空间也很充分，因此对于总想扩大一些施工范

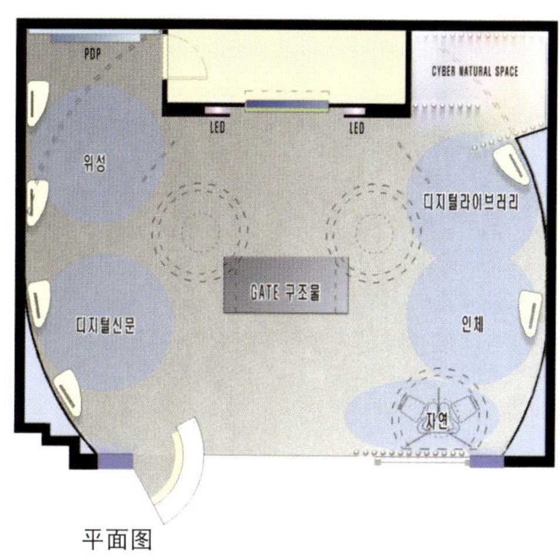

平面图

围的我到施工收尾时感到了莫名的责任感。决定采用相反形象的”相对立的协调”为主题进行这次作业，如同从保护色对比中显现的视觉效果中可以看到对于拥有各自不同文化特点的个体间逆流着巨大的视觉效果，或是情绪效果。

这种流动感使人体会平时未曾体会的振憾。在限定的范围内体现动态的扩张的方感。

标有“数码模拟体验馆”名字的40m²展示空间是（株）INNOTV IT展示馆，对数码新闻和卫星、数码图书馆、人体、自然等采用新型多媒体说明展示物。从展示内容可以看到大致分为数码倾向和纯天然倾向它们所展示内容上的构成正相反的性格。这正是在上面谈到的根据相对立空间将空间活性化的重要方案。

导入各自相反性格的物性特点，观察空间内接纳部分，首先柱镜形象发生变化及连续的踉跄性格和进行图像作业时所看到的纯自然蝴蝶纹样形象，还有自然模拟空间的LED照明演绎出数码空间与金属竹所特有的自然形象，以及整体构造屋晃动的柱镜垫形象和合成胶触感，之外经光纤维作业的动态表现，整体竹子空间的玻璃卷的绚丽效果等。

本栏图片提供：design-Saram 摄影：郑太虎

这些现象是根据总设计者形成协调并完成“相对立的协调”。还有柱镜所特有的动态现象引起各种视觉效果将非固定的空间概念发生改变，造成很难区分实际与非实际的错觉现象。

展望未来方向的展览中心主脉络“数码设计因素”和追求纯天然环保因素的“天然设计因素”，由人的中间媒体作用产生的极端的对立，形成协调，从而完成空间的设计效果。另外，正走近我们的数码文明里得到重视的是“环保型”和“人类中心”，把它趋向于恰当的思考是设计要点，相对立的协调不仅是视觉和感性的满足，还将各种文化形象树立起来。

位　　置：京畿道果川市幕桂洞118-3汉城公园内情报之国3楼
用　　途：展览
面　　积：84.5m²
表面材料：地面－地毯地砖
墙壁－天然漆、光纤维、LED照明、柱镜图像、不锈钢竹树、镜子
设计时间：2002.8 ~ 2002.9
施工时间：2002.10.1 ~ 2002.10.15

Any Time, Any Where.......
디지털미디어 체험관

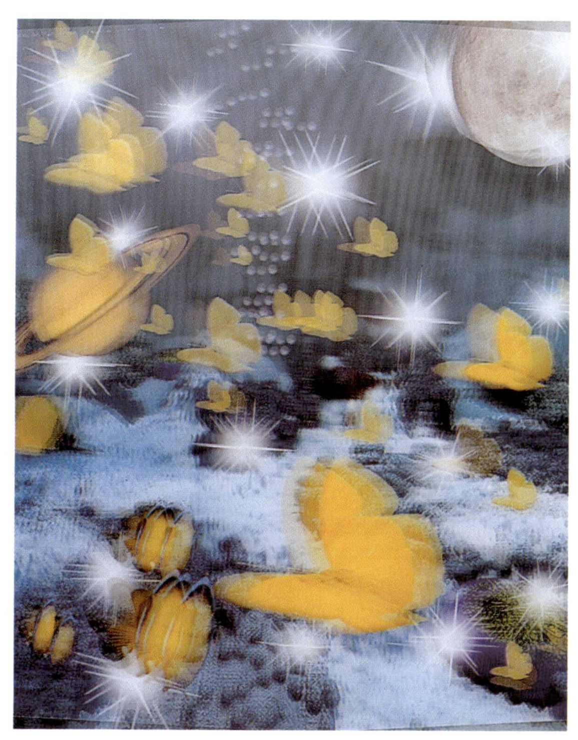

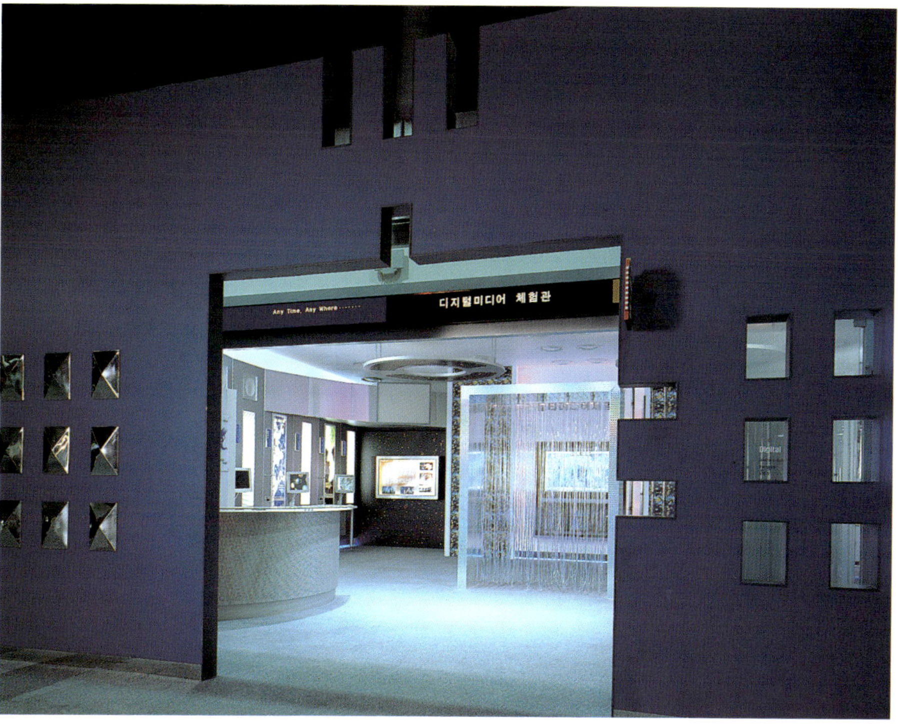

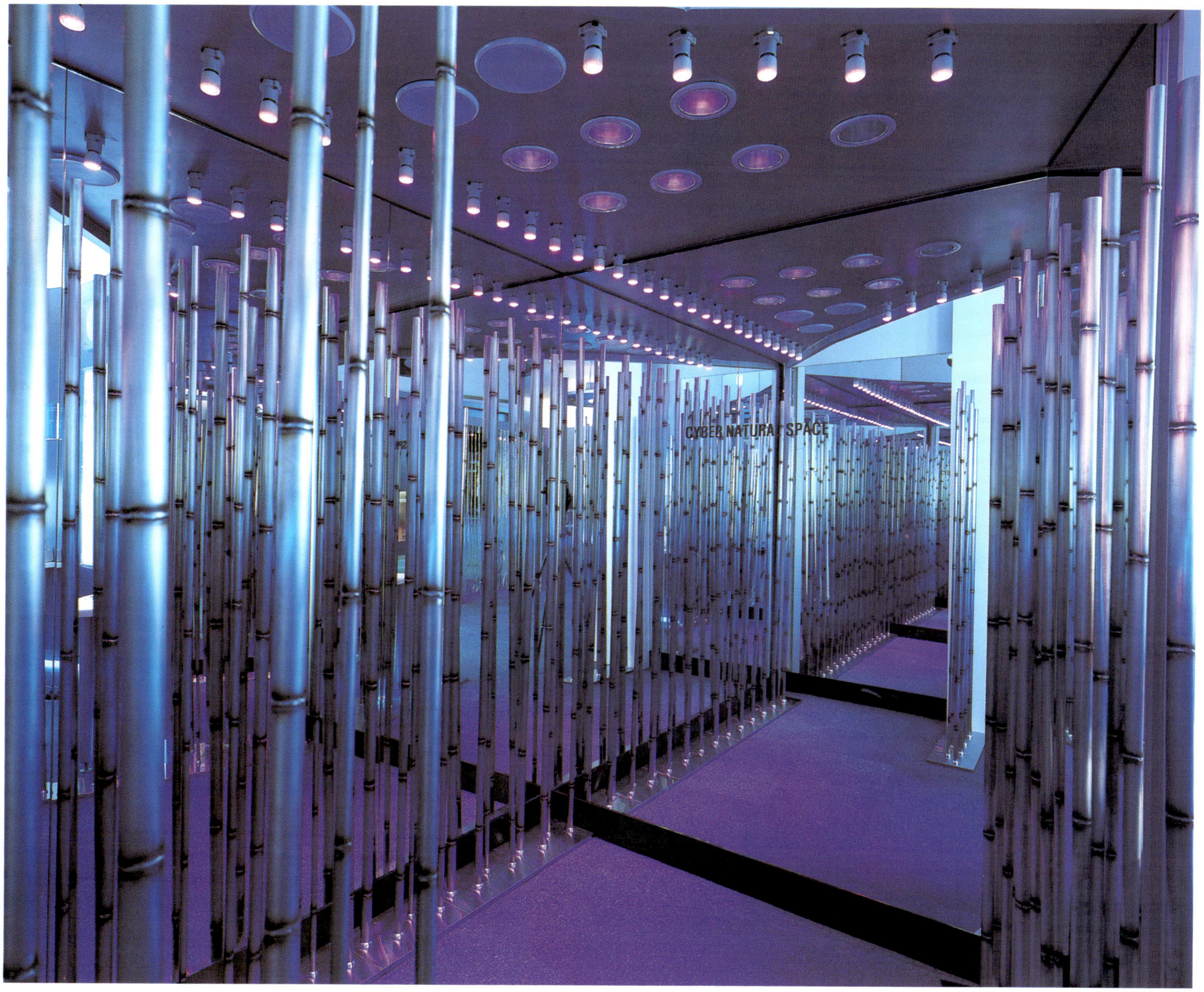
CYBER NATURAL SPACE

2010世界博览会展示厅

World Expo 2010 Korea Exhibit Hall

Kim Boo-gon

COREhands

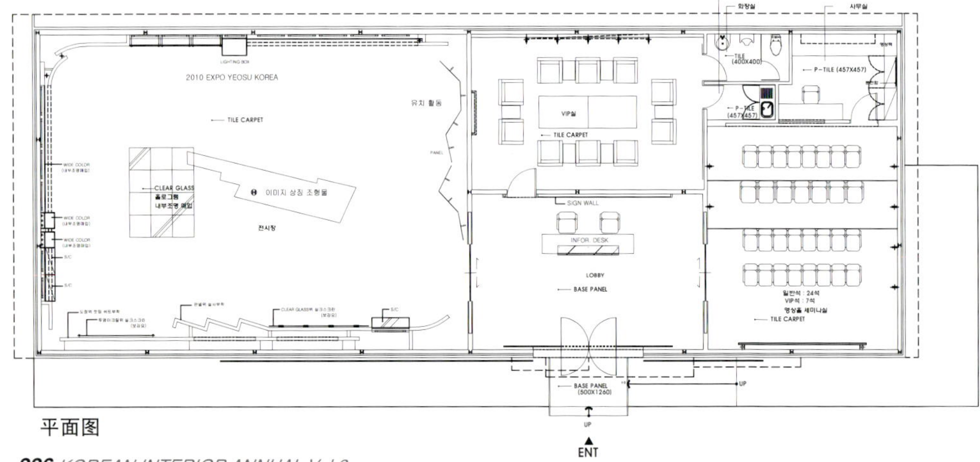

平面图

汝秀"2010年世界博览会展示厅"位于海洋公园,考虑地理环境顺应自然环境，设计成环保型建筑物。为不损坏面向大海的天观和低林区的地平线,将建筑物的规模和高度缩小埋藏在树林中。围在建筑物外观是原棕色木板如同埋入土壤与蓝天，形成强烈对比，白天整体玻璃反射覆盖在蓝天。使用的材料是自然材质或再利用材料如天然原木，玻璃，金属，自然涂料等，内部主采用木板，黄土泥等未经化学处理的天然材料。

外部正面所含展览馆展望未来的内容，同时强调展览馆主题用精炼的语言来表达了"地"与土一样的色调，用天然原木板围住建筑物外观，"水"用整面透明玻璃与建筑物层来表现。

这两个要点是互补型，而且持有相反性质的材料形成强烈对比，强调展示馆主题，亲切地体会传统的美。通过夜间间断照明，完好地表现出建筑物简洁的外观增添建筑物的造型特点。

室内空间大厅入口处玻璃墙壁相对的整面木板，会客室整面白色彩玻璃，展示厅中央造形物的形象，将展示馆的主题体现的非常完美。

整体建筑物的形象是以自然美和淡雅体现传统空间的感性情绪。东洋式空间和造形以现代方式表现，过分的装点或点缀转换成悠闲的美，绚丽换成朴素的造型美，以自然材料和舒适的装饰创造淡雅空间。展示厅陈列的装饰物是古老的生活用品。

位　　置：全罗南道丽水市五东岛国立海洋公园内

面　　积：344.4m^2

表面材料：地面－地毯、压缩成型水泥板

墙壁－涂装、彩色油漆

天棚－乳胶漆

本栏图片提供：CORE honds 摄影：阎承勋

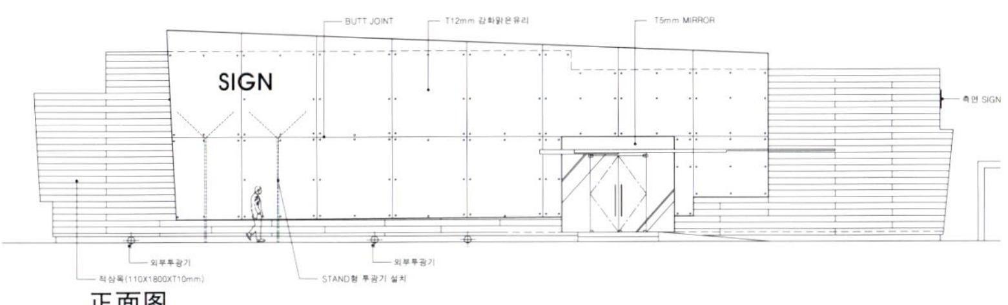

正面图

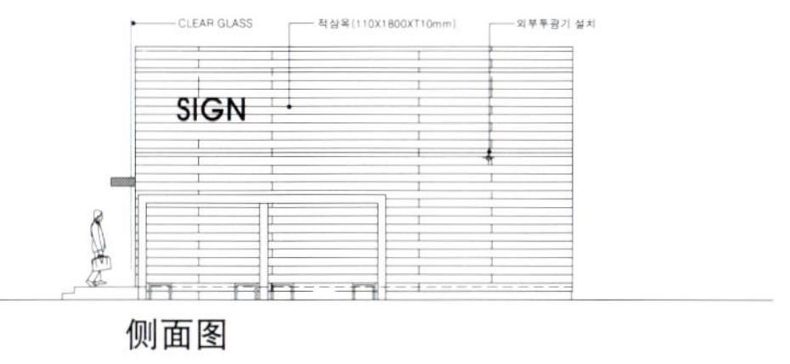

侧面图

Dae-kyo 公共关系部

Dae-kyo, Department of Public Relations

Beyond Space Interior

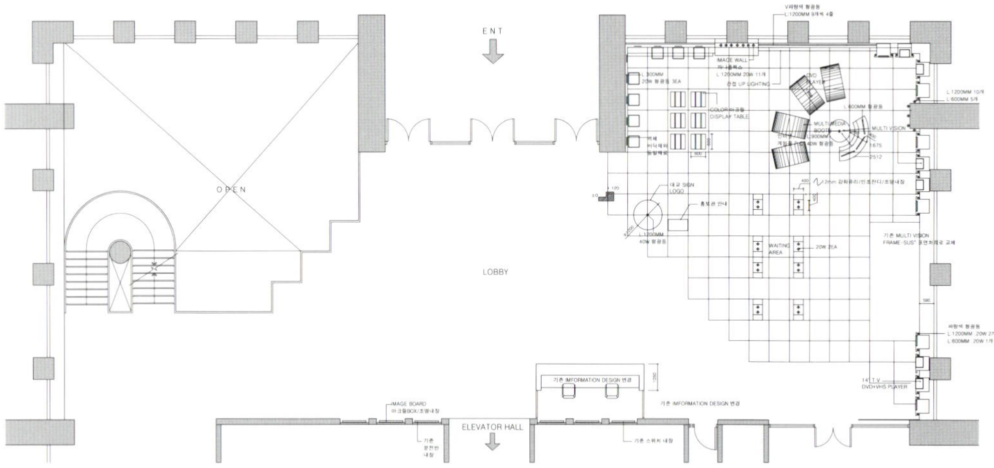
平面图

信息通讯技术和多媒体发展教育环境有关的为具备国际化和高校企业宣传设立的宣传馆，位于大型百货公司和来往于银行步行线的高校大厦1楼大厅。位于大厦楼群间，为了加强宣传力度采用了照明和色彩，虽然有些高科技但整体形象却与感性方面接近。模拟影像的视觉、听觉体验诱导房间里非手动型参观积极参与对新信息体验。将企业过去现代的发展和今后发展方向，通过墙面影像播出。内装照明设备的绿色人造草地/玻璃地面和墙面赋予生动形象。粉色树脂桌子的教材实物展示和宣传室入口处的玻璃形装饰物起到空间最引人注目的要点。提高灵活运用原模拟时代方案而设计的大气空间内设照明的凳子作为空间物体，不只为参观的儿童还为成年人提供了想去坐一坐的休息场所。

绿色，钴蓝，橙色，不锈钢和玻璃层，照明照出的此空间将顾客引入另一银幕里。建筑物主入口处正面看到的信息平台和信息平台后装饰物，因宣传馆和设计的连接性给原大厅带来了变化。

位　　置：汉城市冠岳区奉天洞 729-21

用　　途：展示/宣传

面　　积：217m²

表面材料：地面 - 人造草地、照明内壁 钢化玻璃

墙壁 - 人造草地、照明内壁 钢化玻璃

设计・施工：Beyond Space Interior

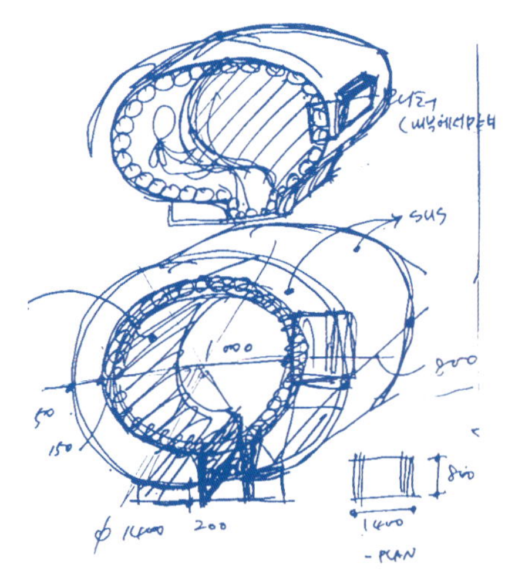

本栏图片提供：Beyond Spase

NEXUS 厨房精品陈列馆

NEXUS Kichen Gallery

Minn Sohn-joo
WEGA

"NEXUS厨房精品陈列馆"与其说是组合式厨房家具形态不如说是厨房建筑。原厨房家具是从几种款式中选择样式后按尺寸定做。而"NEXUS厨房精品陈列馆"摆脱固定模式，按个人的个性和喜好来制作独一无二的厨房，即微型风格有自然风格，但这次试着设计接近大型的一流厨具。

厨房家具在装修行业中要求较高完善成程度，但是厨房家具只能停留在厨房。有一次为将厨房家具摆到客厅，与建筑人做了好长时间的磋商。说厨房家具设在客厅降低客厅的格调。当真正的厨房家具设在客厅时却听到众多的赞赏。决定将厨房家具设在与厨房连接的空间并延伸到餐厅和客厅处。同时作为建筑物的一部分，采用了与其他建筑表面材料相协调的材料。

我们APT文化都因空间不足而苦恼。执意要求并不美观的墙面设计而收藏空间受限制。

"NEXUS厨房精品陈列馆"却一直为空间而不足苦恼的主妇解除了这一烦恼。我们所接触到的墙面都是收藏空间。

除这些设计理念之外最有意义的是将组装式家具的边对应组合，创造另一种新型组合。同时最大限度地采用目前市场不流通的现成材料，剩余部分在文山家具工厂直接制造。

设想如浪漫电影中的壁炉，枝形烛台与镜子，花瓶，餐具，台布，蜡台等。最终这些设想也变为现实而感到无比的幸福。

本栏图片提供：WEGA建筑

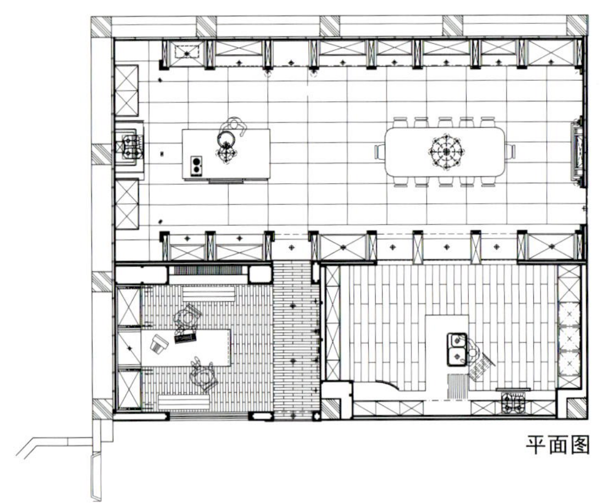
平面图

位　　置：韩城市西草区方背洞
区域·地区：一般居住区
用　　途：展示 / 宣传
构　　造：轻量间壁 + 木材构造
表面材料：地面 – 抛光瓷砖、木材地板、钢化地板
墙 – 壁纸
天棚 – 乳胶漆 + 壁纸

负责设计：李姬子，郑玄其
设计时间：2002.4 ~ 2002.7
施工时间：2002.8 ~ 2002.9
设计·监理：WEGA建筑